Dr. Y.N. Shivalingaiah
Dr. M.T. Lakshminarayan
Dr. Gopala Y.M.

Experiência de trabalho rural agrícola

Dr. Y.N. Shivalingaiah
Dr. M.T. Lakshminarayan
Dr. Gopala Y.M.

Experiência de trabalho rural agrícola

Um guia completo

ScienciaScripts

Imprint

Any brand names and product names mentioned in this book are subject to trademark, brand or patent protection and are trademarks or registered trademarks of their respective holders. The use of brand names, product names, common names, trade names, product descriptions etc. even without a particular marking in this work is in no way to be construed to mean that such names may be regarded as unrestricted in respect of trademark and brand protection legislation and could thus be used by anyone.

Cover image: www.ingimage.com

This book is a translation from the original published under ISBN 978-620-7-47692-3.

Publisher:
Sciencia Scripts
is a trademark of
Dodo Books Indian Ocean Ltd. and OmniScriptum S.R.L publishing group

120 High Road, East Finchley, London, N2 9ED, United Kingdom
Str. Armeneasca 28/1, office 1, Chisinau MD-2012, Republic of Moldova, Europe
Printed at: see last page
ISBN: 978-620-7-57914-3

Índice

Capítulo 1: Introdução

Abhijna V.

O programa de experiência de trabalho agrícola rural tem como objetivo proporcionar uma sensibilização para o empreendedorismo rural, experiência prática em situações reais na agricultura rural e sensibilizar os estudantes de licenciatura em Agri. / B.Sc. (Hons.) ABM / B.Tech. (Ag.Engg.) sobre agricultura prática e ciências afins. O programa ajudará a reforçar a confiança, as competências e a adquirir conhecimentos técnicos autóctones (ITK) da localidade, preparando assim os candidatos para o autoemprego. Tem igualmente por objetivo proporcionar oportunidades de aquisição de experiência prática e de competências empresariais. Para reorientar os licenciados em agricultura e disciplinas afins de modo a assegurar e garantir a empregabilidade e desenvolver empresários para uma agricultura emergente de conhecimento intensivo, considerou-se necessário introduzir este programa em todas as UA como pré-requisito essencial para a atribuição do grau, a fim de garantir experiência prática e formação prática.

O Quinto Comité de Decanos apresentou um currículo pormenorizado do programa READY para estudantes de todas as disciplinas da agricultura e ciências afins. Os currículos dos cursos foram reestruturados de modo a desenvolver as tão necessárias competências e mentalidade empresarial entre os licenciados, para que possam trabalhar por conta própria, contribuir para melhorar os meios de subsistência rurais e a segurança alimentar, a sustentabilidade da agricultura e ser um motor da transformação agrícola. São propostos os seguintes componentes para a realização de um programa Student READY de um ano em todas as disciplinas de graduação (UG):

1. Aprendizagem experimental sobre o modelo de negócio / Formação prática.
2. Aprendizagem experimental no desenvolvimento de competências.
3. Experiência de trabalho agrícola rural (RAWE).
4. Estágio / Formação na fábrica / Ligação industrial.
5. Projectos de estudantes.

Todas as componentes acima mencionadas são interactivas e foram concebidas para desenvolver competências em matéria de desenvolvimento e execução de projectos, tomada de decisões, coordenação individual e em equipa, abordagem da resolução de problemas, contabilidade, controlo de qualidade, marketing e resolução de conflitos, etc., com uma abordagem de ponta a ponta.

A Aprendizagem Experiencial é uma oportunidade para os estudantes desenvolverem competências profissionais de alta qualidade, desenvolvimento de aptidões e confiança para darem um passo no sentido de "Ganhar enquanto aprendem". A Aprendizagem Experiencial tem como objetivo a experiência prática de trabalho em situações da vida real entre os estudantes universitários e, por conseguinte, ajuda os estudantes a tornarem-se *"fornecedores de emprego em vez de candidatos a emprego".*

Os Trabalhos Agrícolas Rurais Experienciais permitem aos estudantes adquirir experiência rural, dar-lhes confiança e melhorar as capacidades de resolução de problemas na exploração agrícola em situações da vida real, especialmente em contacto com agricultores, produtores, etc.
O projeto de estudante é essencial para os estudantes interessados no ensino superior. Através dele, adquirem conhecimentos para identificar o problema de investigação, planear e montar experiências e redigir relatórios, etc.
A EL proporciona aos estudantes uma excelente oportunidade para desenvolverem competências e conhecimentos analíticos e empresariais através de uma experiência prática significativa, confiança na sua capacidade de conceber e executar projectos.
Os principais objectivos da EL são:
• Promover competências e conhecimentos profissionais através da experiência prática.
• Reforçar a confiança e a capacidade de trabalhar em modo de projeto.
• Adquirir capacidades de gestão empresarial.
Estágios Agrícolas Rurais (RAWE) e Anexo Agro-Industrial (AIA)

Este programa será realizado pelos estudantes durante o VII semestre, com uma duração total de 21 semanas e uma ponderação de 0+20 horas de crédito em duas partes: RAWE e AIA. Consistirá numa orientação geral e numa formação no campus por diferentes faculdades, seguida de uma ligação a uma aldeia/unidade na universidade/faculdade/KVK ou numa estação de investigação. Os estudantes serão colocados em agro-indústrias para adquirirem uma experiência do ambiente industrial e de trabalho. A ponderação em termos de créditos-hora será dada em função da duração da estadia dos estudantes nas aldeias/agro-indústrias. No final do RA WE/AIA, os estudantes terão uma semana para preparar, apresentar e avaliar o relatório do projeto. Os estudantes devem registar diariamente as suas observações no campo e nas agro-indústrias e preparar o seu relatório de projeto com base nessas observações.

Registo

Os estudantes que tenham concluído com êxito todos os cursos programados até ao final do 6º semestre são elegíveis para se inscreverem no Programa de Experiência de Trabalho Agrícola Rural (RAWEP). Não devem inscrever-se em quaisquer outros cursos no campus durante o 8º semestre. Os estudantes devem inscrever-se nos 20 créditos seguintes. Os detalhes das horas de crédito para cada grupo de disciplinas são os seguintes.

Sl. No.	Course No. & Credit Hrs.	Title	Weeks	Concerned Departments for monitoring and evaluation
A	RAWE / Subject Orientation	1 Week		
B	Village Attachment	12		
1	SRA 411 (0+4)	Crop production and crop improvement interventions		Agronomy, Horticulture, Soil Science & Agril. Chemistry, Seed Science& Technology, Genetics and Plant Breeding, Agril. Microbiology, Crop Physiology, Plant Biotechnology
2	SRA 412 (0+3)	Crop protection interventions		Plant Pathology, Agril. Entomology, Sericulture and Apiculture
3	SRA 413 (0+3)	Social and allied science interventions		Agril. Economics, Agril. Marketing, Cooperation & BM, Agril. Engineering, Food Science & Nutrition, Animal Science, Forestry & Environmental Science
4	SRA 414 (0+4)	Extension and Transfer of Technologies		Agril. Extension
5	SRA 415 (0+2)	Plant clinic / Information Centre/ Crop Museum		Coordinator/Associate Coordinator along with agronomist, horticulturist and plant protection Specialists
C	SRA 416 (0+2)	Attachment to KVKs/Research stations and other units	2	RAWEP Coordinator & Assoc. Coordinators
D	SRA 417 (0+2)	Agro-Industrial Attachment	3	Concerned teacher of the respective departments
E	Project report preparation, presentation and evaluation	2		Coordinators / Concerned Teachers
Total No. of Credits : 20 credits	20			

Experiência de trabalho rural agrícola

O Programa de Experiência de Trabalho de Sensibilização Rural (RAWEP) para os estudantes do BSc (Hons) em agricultura é oferecido durante 7th semestres. No âmbito deste programa, cada estudante deverá trabalhar durante 3 meses com agricultores nas imediações da Universidade. A experiência de trabalho agrícola rural (RAWE) ajuda os estudantes a compreender as situações rurais, o estado das tecnologias agrícolas adoptadas pelos agricultores, a dar prioridade aos problemas dos agricultores e a desenvolver competências e atitudes de trabalho com famílias de agricultores para o desenvolvimento global da zona rural. Os horários do RAWE podem ser flexíveis para regiões específicas, de modo a coincidir com a principal época de cultivo. Trata-se de uma oportunidade única para os estudantes trabalharem com os agricultores nas suas explorações e identificarem os vários constrangimentos de produção, proteção e comercialização. Além disso, o RAWEP desenvolve competências nos domínios tecnológico, de gestão e de comunicação entre os estudantes. A duração do programa é de 12 semanas, correspondendo a Kharif / Rabi. Será atribuído a cada aldeia um grupo de quinze a vinte estudantes.

Objectivos da RAWE

1) Proporcionar aos estudantes a oportunidade de compreender a situação rural em relação à agricultura e às actividades conexas.
2) Familiarizar os alunos com as condições socioeconómicas dos agricultores e os seus problemas.
3) Transmitir aos estudantes conhecimentos de diagnóstico e de correção relevantes para situações reais no terreno através de formação prática.
4) Desenvolver competências de comunicação eficazes dos estudantes com os agricultores, utilizando as mais recentes metodologias de extensão na transferência de tecnologia.
5) Desenvolver a confiança e a competência dos estudantes para resolver problemas agrícolas complexos.
6) Familiarizar os estudantes com os programas de extensão e de desenvolvimento rural em curso.

Oportunidade para os estudantes compreenderem a situação rural

A RAWE permite obter informações em primeira mão sobre as ITK, conhecer a cultura tradicional, os costumes, os rituais, etc., e aprender a adaptar-se à situação da aldeia.

Familiarizado com as condições socioeconómicas dos agricultores e os seus problemas.

A experiência de trabalho rural é fundamental para desenvolver a competência de um licenciado para funcionar como professor, investigador e profissional de extensão eficaz na transferência de tecnologia para as famílias rurais e, por conseguinte, este tipo de formação prática e experiência de trabalho com as pessoas nas aldeias torna-se inevitável. O Programa de Experiência de Trabalho de Sensibilização Rural (RAWE) é uma oportunidade para os estudantes viverem em zonas rurais e desenvolverem uma perspetiva correcta da vida rural.

Transmitir conhecimentos de diagnóstico e de correção aos alunos

Os estudantes adquiriram experiência com as principais culturas de várias zonas agro-climáticas do estado. Isto ajudou os estudantes a ganhar confiança e conhecimentos práticos sobre os aspectos teóricos ensinados na sala de aula. Ajuda a diagnosticar várias pragas, doenças ou problemas fisiológicos enfrentados pelas culturas e afina a capacidade de sugerir os remédios de uma forma semelhante à prescrição dada pelo médico.

Desenvolva competências de comunicação eficazes

Os estudantes que saem do curso de licenciatura devem ser muito bons em competências de comunicação e de jornalismo para uma transferência eficaz de tecnologia. Para além disso, os estudantes podem adquirir competências jornalísticas consideravelmente mais avançadas utilizando a criatividade. Neste contexto, a formação profissional proposta no domínio da comunicação permitirá aos estudantes adquirir competências em matéria de apresentação de palestras, preparação de planos de aulas e de imagens para palestras, desenvolvimento de competências auditivas, preparação de notícias, artigos de fundo, etc., importância das ilustrações, etc.

Desenvolva a confiança e a competência

A formação pode aumentar a confiança e o nível de conhecimentos dos estudantes. Cada minuto da sua estadia na aldeia/exploração agrícola familiariza-os com a gestão da exploração agrícola, com os problemas enfrentados no trabalho empresarial, etc., o que os torna confiantes de que a maioria dos estudantes pode tornar-se empresário se houver recursos disponíveis.

Familiarizar-se com os programas de extensão e de desenvolvimento rural em curso

Os estudantes também se familiarizaram com os programas de extensão e desenvolvimento rural em curso. Os estudantes aprenderam as técnicas de recolha de dados, tabulação, análise, interpretação dos resultados e preparação de relatórios, etc. Os estudantes experimentaram a aprendizagem pela prática durante a sua estadia em diferentes explorações agrícolas progressistas do Estado, no âmbito do programa RAWE. Esta formação aumentou a sua confiança e o seu nível de conhecimentos.

Capítulo 2 : Seleção de VillageZArea para RAWEP

Gopal Lal Dhaker & Ayaz S Shajil

Introdução:

O programa de Experiência de Trabalho Agrícola Rural (RAWE) é uma pedra angular na educação holística dos estudantes de agricultura, fazendo a ponte entre o conhecimento teórico e a aplicação prática em ambientes do mundo real. Um aspeto fundamental deste programa é a seleção de aldeias adequadas onde os estudantes mergulham em práticas agrícolas práticas, envolvimento da comunidade e aprendizagem experimental. O processo de seleção de aldeias para o RAWE tem uma importância significativa, uma vez que molda as experiências de aprendizagem dos estudantes, promove o desenvolvimento da comunidade e contribui para a sustentabilidade das práticas agrícolas. Neste artigo, aprofundamos os critérios essenciais que orientam a seleção das aldeias para o RAWE, com o objetivo de fornecer informações sobre o processo de tomada de decisões estratégicas subjacentes a este aspeto fundamental do ensino agrícola.

Consideração da época

A estação do ano deve estar alinhada com as actividades agrícolas planeadas durante a RAWE. As considerações incluem a amplitude térmica, os padrões de precipitação e a sazonalidade para garantir condições óptimas para o crescimento das culturas e a gestão do gado. O plano do programa para a RAWEP depende de muitos factores, um dos quais é a precipitação. O programa deve ser planeado tendo em vista a estação do ano. Se a chuva na área for maior, então temos de planear o RAWEP em conformidade, como dar importância às tecnologias de irrigação e, se a chuva for muito menor, concentrar-se na demonstração de tecnologias de terra seca. Há muitos factores a ter em conta ao selecionar a área para a RAWEP, que incluem

Factores geográficos

1. **Características do solo:** A fertilidade do solo, a textura, os níveis de pH e o teor

de nutrientes desempenham papéis cruciais na produtividade agrícola. As avaliações da adequação do solo ajudam a determinar os tipos de culturas que podem ser cultivadas e as práticas de gestão adequadas necessárias. Por isso, seleccione a aldeia onde o solo é bom e onde suportará as tecnologias a serem demonstradas na área. Se o solo selecionado não for saudável, então temos de nos concentrar na gestão do solo em vez de demonstrar as tecnologias desenvolvidas pelo instituto de investigação. Além disso, a gestão do solo também pode ser tida em consideração durante a implementação do plano.

2. **Recursos hídricos:** A disponibilidade de água para fins de irrigação é essencial para o sucesso das actividades agrícolas. As avaliações das fontes de água, tais como rios, lagos, águas subterrâneas e padrões de precipitação, orientam as decisões sobre os métodos de irrigação e a seleção de culturas. A avaliação dos recursos hídricos disponíveis na aldeia facilitará a implementação da RAWEP

3. **Localização**; seleccione a aldeia que é a parte centralizada do ponto para pelo menos 4-5 aldeias, a fim de melhorar a propagação horizontal da informação da rawep para outras aldeias.

4. **Variação microclimática**: A compreensão das variações microclimáticas dentro da aldeia selecionada permite intervenções agrícolas orientadas e estratégias de diversificação de culturas. Factores como os gradientes de temperatura, os níveis de humidade e os padrões de vento influenciam o desempenho das culturas e a dinâmica das pragas/doenças.

5. **Factores socioeconómicos:** A consideração da situação socioeconómica ajuda a garantir que as actividades RAWE contribuam positivamente para o desenvolvimento da comunidade e para a melhoria dos meios de subsistência. As avaliações dos níveis de rendimento, das taxas de pobreza, das oportunidades de emprego e do acesso a serviços básicos fornecem informações sobre a paisagem económica da aldeia.

6. **Acessibilidade ao mercado:** A proximidade de mercados e canais de distribuição influencia a capacidade dos agricultores de vender produtos agrícolas e aceder a insumos. A seleção de aldeias com acesso conveniente a mercados aumenta a compreensão dos alunos sobre cadeias de valor, estratégias

de marketing e práticas agrícolas orientadas para o mercado.

7. **Infra-estruturas e serviços:** A disponibilidade de infra-estruturas como estradas, eletricidade, telecomunicações e instalações de saúde facilita a implementação das actividades RAWE. As avaliações das lacunas nas infra-estruturas ajudam a identificar as áreas onde são necessárias melhorias para apoiar o desenvolvimento agrícola e o bem-estar da comunidade.

8. **Insumos agrícolas e serviços de extensão**: O acesso a insumos agrícolas, incluindo sementes, fertilizantes, pesticidas e maquinaria, é essencial para a produtividade das explorações agrícolas. A disponibilidade de serviços de extensão, apoio agronómico e programas de formação reforça a capacidade dos agricultores para adoptarem as melhores práticas e inovarem na produção agrícola.

9. Sistemas de **posse da terra**: A compreensão dos sistemas de posse da terra, incluindo a propriedade, o arrendamento e os direitos de uso da terra comunitária, é crucial para o planeamento das actividades RAWE. A clareza sobre a posse da terra promove o acesso seguro dos estudantes à terra e facilita as parcerias com os agricultores e proprietários locais.

10. **Compatibilidade Cultural e Envolvimento da Comunidade:** Considerações culturais, incluindo costumes locais, tradições e normas sociais, influenciam a aceitação e a participação da comunidade nas iniciativas RAWE. O envolvimento com os líderes comunitários, as partes interessadas e as instituições tradicionais promove a colaboração, a confiança e o respeito mútuo nas experiências de aprendizagem baseadas na aldeia.

Oportunidades de educação através da RAWEP

1. **Ambiente de aprendizagem prático:**

A RAWE proporciona aos estudantes uma experiência prática em práticas agrícolas, permitindo-lhes aplicar os conhecimentos teóricos em contextos do mundo real. O envolvimento direto em actividades agrícolas, como o cultivo de culturas, a gestão de gado e a agroflorestação, melhora as competências práticas e a capacidade de resolução de problemas dos estudantes.

2. **Aprendizagem interdisciplinar:**

As actividades RAWE envolvem frequentemente uma colaboração interdisciplinar, permitindo aos estudantes integrar conhecimentos de várias áreas, como a agronomia, a horticultura, a ciência animal e os estudos ambientais. A exposição a diversos sistemas e práticas agrícolas promove a compreensão holística e o pensamento crítico dos estudantes.

3. **Mentoria e orientação:**

A interação com agricultores locais, especialistas em agricultura e extensionistas proporciona aos estudantes uma orientação e um aconselhamento valiosos. Aprender com profissionais experientes ajuda os estudantes a adquirir conhecimentos sobre conhecimentos tradicionais, técnicas inovadoras e melhores práticas na agricultura.

4. **Oportunidades de investigação:**

As aldeias RAWE servem como laboratórios vivos para pesquisa aplicada e experimentação. Os alunos têm a oportunidade de realizar estudos de campo, recolher dados e analisar tendências agrícolas, contribuindo para a criação de ideias e soluções práticas para uma agricultura sustentável.

5. **Actividades de extensão:**

Os programas RAWE incluem frequentemente actividades de extensão destinadas a transferir conhecimentos e tecnologias para a comunidade local. Os estudantes participam em iniciativas de extensão, tais como workshops de formação de agricultores, demonstrações no terreno e campanhas de sensibilização sobre temas como a diversificação de culturas, a conservação do solo e a gestão de pragas.

6. **Desenvolvimento de competências empresariais:**

A RAWE incentiva o pensamento empreendedor e a inovação entre os estudantes, expondo-os a oportunidades de agronegócio. Os alunos aprendem sobre o valor acrescentado, as ligações ao mercado e o desenvolvimento empresarial através de actividades como o planeamento de empresas agrícolas, a análise da cadeia de valor e a transformação agrícola em pequena escala.

7. **Envolvimento da comunidade:**

A RAWE promove o envolvimento da comunidade e a responsabilidade social entre os estudantes, envolvendo-os em projectos de desenvolvimento comunitário e actividades de divulgação. Os estudantes colaboram com os residentes locais em iniciativas relacionadas com a agricultura sustentável, a conservação do ambiente e a melhoria dos meios de subsistência rurais.

8. **Reflexão e feedback:**

A RAWE oferece oportunidades de reflexão e feedback, permitindo que os alunos avaliem as suas experiências de aprendizagem e identifiquem áreas a melhorar. As práticas de reflexão, os debates em grupo e as sessões de feedback facilitam a aprendizagem contínua e o desenvolvimento pessoal dos alunos.

Infra-estruturas e instalações

1. **Alojamento:**

Alojamento em dormitórios ou pensões para alojar estudantes e professores durante a sua estadia na aldeia. Arranjos adequados para dormir, instalações sanitárias e comodidades básicas para garantir conforto e segurança.

2. **Espaços de aprendizagem:**

Espaços de aprendizagem ao ar livre, tais como parcelas de demonstração, laboratórios de campo e áreas de observação para actividades práticas.

3. **Internet e comunicação:**

Conectividade fiável à Internet e infraestrutura de comunicação para facilitar o acesso a recursos em linha, a comunicação com as partes interessadas e a partilha de dados. Telefone, fax e correio eletrónico

serviços de coordenação, administração e comunicação de emergência.

4. **Equipamento e máquinas agrícolas:**

Disponibilidade de máquinas e equipamentos agrícolas, tais como tractores, arados, ceifeiras e sistemas de irrigação para operações agrícolas. Instalações

de manutenção e oficinas para reparação e manutenção de equipamento
agrícola para garantir a sua funcionalidade e eficiência.

5. **Estabelecimentos de saúde:**

Acesso a serviços básicos de saúde, instalações de primeiros socorros e
assistência médica para estudantes, professores e residentes locais.
Colaboração com instituições e prestadores de cuidados de saúde locais para
responder a necessidades e emergências relacionadas com a saúde.

Capítulo 3: Planeamento do programa

Chaithra R & Priyanka Sheela

O programa é um conjunto alargado de coisas a fazer e o planeamento é a conceção antecipada do que deve ser feito no futuro. A planificação é essencial para qualquer tentativa sistemática de atingir os objectivos desejados. A planificação ajuda a identificar os objectivos educativos, facilita a seleção da experiência de aprendizagem para atingir esses objectivos e a avaliação dos resultados em relação aos objectivos. O planeamento do programa envolve uma série de acções/etapas que culminam na realização de um objetivo. Neste processo, os estudantes obterão o conhecimento e a experiência em primeira mão do desenvolvimento e da implementação de programas úteis para o benefício dos agricultores. Além disso, serão expostos na prática à forma de recolher dados, de identificar as necessidades/problemas dos agricultores e de desenvolver objectivos e seleção de tecnologia para resolver os problemas. Além disso, o programa de extensão é uma declaração de situação, objectivos, problemas e soluções que são relativamente permanentes, mas requerem uma revisão constante. No entanto, as etapas do planeamento do programa são:

1. Coleção de factos

2. Análise da situação

3. Identificação dos problemas

4. Decida os objectivos

5. Desenvolver um plano de trabalho

6. Executar o plano

7. Avaliação

8. Reconsideração.

De seguida, apresentam-se as formas de utilizar as etapas de planeamento do programa na implementação da RAWEP,

Recolha de dados:

A recolha de dados é a primeira atividade do programa RAWE. A informação de cada agricultor é recolhida, o que ajuda a analisar os problemas, as suas propriedades e também a sua situação económica.

Objetivo: Analisar os problemas socioeconómicos da aldeia, bem como a situação dos agricultores e estabelecer uma boa relação de comunicação com os aldeões.

O programa RAWE deve começar com o primeiro passo através da recolha de dados. Os estudantes de agricultura foram instruídos a recolher dados junto de 5 agricultores, nomeadamente dois agricultores marginais, dois grandes agricultores e um pequeno agricultor, ao passo que os estudantes de marketing e de tecnologia de ponta foram instruídos a recolher dados junto de 3 agricultores, nomeadamente um agricultor marginal, um grande e um pequeno agricultor.

O livro de dados no qual os dados são recolhidos inclui o nome da aldeia, Taluk, distrito, RSK, tipos de casas, nome dos membros da família do agricultor, estatuto educacional, tipo de propriedades, fontes de irrigação, sobre as culturas do ano anterior, também sistemas e padrões de cultivo do ano anterior, diferentes componentes do gado, criação de bichos-da-seda, apiário, condições climáticas do ano anterior, fonte de irrigação, rendimento das culturas do ano anterior, nova política de seguros de colheitas e regime introduzido pelo governo, canal de comercialização, adoção de novas tecnologias, alfaias agrícolas, maquinaria e outras ocupações para além das actividades agrícolas.

Análise da situação:

A perceção dos estudantes relativamente ao grau de realização do RAWE consiste em compreender as instituições rurais, as condições socioeconómicas dos agricultores, os padrões de adoção e as lacunas na adoção, os problemas dos agricultores, os sistemas agrícolas e a agricultura, a melhoria das capacidades de diagnóstico, a formação prática na produção agrícola;

- Estado do solo e da água.

- Principais culturas cultivadas.

- Métodos de cultivo seguidos pelo agricultor

- Pragas e doenças.

- Utilização das entradas.

- Condição socioeconómica da aldeia.

- Métodos de cultivo.

- Marketing.

Identificação dos problemas:

Problema é uma condição ou situação que as pessoas, depois de estudarem com ou sem ajuda, decidiram que precisa de ser mudada, os problemas são obstáculos ou barreiras para atingir metas ou objectivos.

1. Gravidade do problema (refere-se ao grau em que ocorreram danos devido ao problema)

2. Frequência de ocorrência (refere-se ao número de ocorrências do problema durante o período dos últimos 10 anos)

3. Distribuição do problema (refere-se à extensão da ocorrência do problema, que pode ser calculada com base no número de pessoas e na área afetada).

PROCESSO:

A identificação dos problemas foi efectuada através de um debate com um grupo de agricultores. Todos os problemas da zona foram recolhidos e identificados democraticamente através da participação da população da aldeia. Pediu-se aos aldeões que identificassem os problemas mais sentidos e de maior preocupação que afectam a maioria das pessoas e que deveriam estar relacionados com a situação familiar, comunitária e nacional. Para resolver os problemas seleccionados, o tempo foi programado com base nas maiores prioridades.

Decida o objetivo:

Uma vez identificado o problema, temos de elaborar um plano para ajudar os agricultores a resolver os problemas que enfrentam relacionados com a agricultura e os sectores conexos.

DESENVOLVER UM PLANO DE TRABALHO:

Com base nos objectivos e nos dados, temos de planear os programas que temos de realizar para sensibilizar e formar os agricultores:

- Campanha

- Reunião geral

- Demonstração do método

- PRA {apreensão rural participativa}

- Visitas no terreno

- Visitas à quinta e ao domicílio.

- Discussão em grupo.

- Formação dos agricultores.

- Dia de campo.

- Demonstração de resultados.

- Exposição.

Execute o plano:

A execução de um plano no programa RAWE (Rural Agricultural Work Experience) envolve várias etapas:

- Compreender o plano: Certifique-se de que compreende perfeitamente os objectivos, as tarefas e o calendário delineados no plano.
- Atribua responsabilidades: Delegue tarefas específicas a indivíduos ou equipas com base nas suas competências e pontos fortes. Esclareça as expectativas e os prazos para cada tarefa.
- Recolha de recursos: Identifique e reúna todos os recursos necessários, tais como ferramentas, equipamento, materiais e pessoal necessários para executar o plano de forma eficaz.
- Implementação: Comece a executar o plano seguindo os passos e procedimentos delineados. Monitorize regularmente os progressos para

garantir que as tarefas estão a ser concluídas de acordo com o calendário.

■ Adaptabilidade: Mantenha-se flexível e adaptável a desafios imprevistos ou a mudanças nas circunstâncias. Ajuste o plano conforme necessário para resolver problemas ou tirar partido de novas oportunidades.

■ Comunicação: Mantenha uma comunicação aberta e clara com todas as partes interessadas envolvidas no programa RAWE. Forneça actualizações sobre o progresso, partilhe informações importantes e responda a quaisquer preocupações ou questões que surjam.

■ Avalie e reflicta: Avalie regularmente os progressos e a eficácia do plano. Reflicta sobre o que funcionou bem e o que pode ser melhorado para o futuro

projectos.

■ Conclusão e documentação: Certifique-se de que todas as tarefas são concluídas de forma satisfatória e de acordo com o plano. Documente o processo, os resultados e as lições aprendidas para referência futura.

AVALIAÇÃO DO PROGRAMA RAWEP:

Assim, a avaliação na Extensão Agrária pode ser vista como uma atividade que lida com a seleção de critérios, a identificação de provas e a comparação de provas com critérios para chegar a um julgamento. O julgamento dá-lhe os pontos fracos e fortes de um programa. O Museu das Culturas e o Centro de Informação precisam de ser expostos. Os gráficos e modelos do CI foram expostos para avaliação.

RECONSIDERAÇÃO:

O processo de aprendizagem dá essencialmente aos estudantes uma orientação para pensar e agir e acaba por criar autoconfiança. Ajuda os estudantes a desenvolverem as suas competências, capacidades, aptidões, conhecimentos especializados, em suma, um desenvolvimento holístico.

Capítulo 4 : Utilização da liderança rural na RAWEP

-Gopala YM e M. T. Lakshminarayan

Liderança

A liderança é definida como o papel e o estatuto de um ou mais indivíduos na estrutura e no funcionamento de organizações de grupo que permitem a esses grupos satisfazer uma necessidade ou um objetivo que só pode ser alcançado através da cooperação dos membros do grupo. Tipos de liderança nas zonas rurais

(1) Líder operacional: A pessoa que efetivamente inicia a ação no seio do grupo, independentemente de ter ou não um cargo efetivo.

(2) Líder popular: A pessoa popular é eleita para uma posição de liderança porque é muito apreciada pelos membros.

(3) Líder presumido: A pessoa selecionada para trabalhar com um comité ou outros líderes porque estes assumiram que ele representa outro grupo com o qual desejam trabalhar. Pode ser ou não um líder do grupo.

(4) Líder de talento proeminente: A pessoa que demonstra uma capacidade e realização extraordinárias nos respectivos domínios. Pode incluir peritos e líderes intelectuais. Exemplo: Artistas, músicos, etc.

(5) Dirigente profissional: O chefe profissional é aquele que recebeu formação especializada específica na área em que trabalha a tempo inteiro como profissão e é pago pelo seu trabalho. Exemplo: Extensionista.

(6) Líder leigo: O líder leigo pode ou não ter recebido formação especial e não é pago pelo seu trabalho, trabalhando geralmente a tempo parcial com organizações de grupos locais. Os líderes leigos são também designados por líderes voluntários, líderes locais ou líderes naturais. Exemplo: Presidente de um clube de jovens.

(7) Líder autocrático: O líder autocrático actua como se não pudesse confiar nas pessoas. Pensa que os seus subordinados nunca estão a fazer o que devem fazer, que o empregado é pago para trabalhar e, portanto, deve trabalhar.

(8) Líder democrático: O líder democrático partilha com os membros do grupo a tomada de decisões e o planeamento das actividades. A participação de

todos é encorajada. Trabalha para desenvolver um sentimento de responsabilidade por parte de cada membro do grupo. Tenta

compreender a posição e os sentimentos do trabalhador.

(9) Líder laissez-faire: O líder laissez-faire acredita que se os trabalhadores forem deixados em paz, o trabalho será feito. Parece não ter confiança em si próprio. Se possível, adia a tomada de decisões.

Papéis de liderança e qualidades dos líderes

(1) Porta-voz do grupo,

(2) Harmonizador de grupo,

(3) Planeador de grupo,

(4) Executivo do grupo,

(5) Educador ou professor do grupo,

(6) Símbolo dos ideais do grupo,

(7) Presidente do grupo de discussão,

(8) Supervisor do grupo.

No entanto, os líderes devem possuir qualidades como (1) aptidão física, (2) capacidade mental (inteligência), (3) sentido de propósito (ter ideias definidas sobre os objectivos do grupo), (4) discernimento social (sensibilidade à posição, problemas ou pontos de vista de outras pessoas), (5) comunicação (incluindo ouvir e falar bem), (6) amor pelas pessoas (simpatia sem favoritismo ou sem dar margem à indisciplina), (7) democracia (dar aos membros oportunidades iguais de participação, etc.), (8) iniciativa (9) entusiasmo (capacidade de tomar decisões ou julgamentos correctos e rápidos), (10) autoridade (baseada no domínio de conhecimentos e competências num determinado domínio), (11) capacidade de decisão (capacidade de tomar decisões ou julgamentos correctos e rápidos).), (8) Iniciativa, (9) Entusiasmo, (10) Autoridade (baseada no domínio de conhecimentos e competências num determinado domínio), (11) Capacidade de decisão (capacidade de tomar decisões ou juízos correctos e rápidos), (12) Integridade ou carácter, (13) Capacidade de ensino, (14) Convicções e fé.

Liderança de opinião

A liderança de opinião é o grau em que um indivíduo é capaz de influenciar informalmente as atitudes ou o comportamento manifesto de outros indivíduos de uma forma desejada com relativa frequência. Além disso, o líder de opinião é uma pessoa/indivíduo que lidera a influência das opiniões dos outros de forma informal. Também são conhecidos como líderes de moda, líderes de informação, influenciadores, etc. No entanto, as características dos líderes de opinião são as seguintes

(1) Comunicação externa: Os líderes de opinião estão mais expostos aos meios de comunicação social do que os seguidores, porque frequentam mais os canais dos meios de comunicação social do que os outros. São mais cosmopolitas do que os seus seguidores. Têm mais contactos com agentes de mudança do que os seguidores.

(2) Acessibilidade: Para transmitirem as suas mensagens pessoais sobre inovações, os líderes de opinião têm de dialogar diretamente com os seus seguidores. Por conseguinte, os líderes de opinião devem ser acessíveis. Um desses indicadores é a participação social. Os líderes de opinião têm maior participação social do que os seus seguidores.

(3) Estatuto social: Os líderes de opinião têm um estatuto social melhor do que os seus seguidores.

(4) Inovação: Os líderes de opinião são mais inovadores do que os seus seguidores porque adoptam novas ideias mais cedo do que os seus pares.

Identificação dos líderes de opinião

(1) Método sociométrico:

Implica fazer perguntas aos membros sobre quem procurou informações ou conselhos sobre um determinado tópico, questão, etc. Assim, os líderes de opinião são os membros de um sistema que recebem o maior número de escolhas sociométricas. Além disso, é o método mais válido para identificar os líderes de opinião, uma vez que é medido através dos olhos dos seguidores. No entanto, necessita de interrogar um grande número de inquiridos para localizar um pequeno número de líderes. E isto é mais aplicável se todos os membros de um sistema social forem entrevistados, em vez de alguns no sistema social. No entanto, as vantagens são que as perguntas são fáceis de administrar e adaptáveis a diferentes tipos de contextos e questões e as desvantagens são que a análise dos dados do método sociométrico é muitas vezes complexa, requer um grande número de inquiridos para localizar um pequeno número de líderes de opinião. Não se aplica a projectos de amostragem em que apenas uma parte do sistema social é entrevistada.

(2) Avaliação dos informadores-chave:

Neste caso, pede-se aos juízes ou aos informadores-chave que identifiquem os líderes de opinião para um determinado tópico(s). Os informadores-chave são especialmente conhecedores dos padrões de influência num sistema. No entanto, as vantagens são as seguintes Um método que poupa tempo e custos em comparação com o método sociométrico e as desvantagens são que cada informador deve estar bem familiarizado com o sistema.

(3) Técnica de auto-designação: Esta técnica pede aos membros que indiquem a tendência para os considerar influentes. Perguntas como: "Acha que as pessoas recorrem a si para obter informações ou conselhos com mais frequência do que a outros?" serão colocadas aos membros para identificar os líderes de opinião. Esta técnica depende da exatidão com que os inquiridos conseguem identificar e comunicar as suas auto-imagens. No entanto, as vantagens são as medidas das percepções individuais da sua liderança de opinião, que influenciam o seu comportamento, e as desvantagens dependem da exatidão com que os inquiridos podem identificar e comunicar as suas auto-imagens.

Tipos de líderes de opinião e o seu papel na agricultura

(1) Líderes de opinião polimórficos: Aqui, os líderes de opinião actuam como líderes para uma variedade de tópicos.

(2) Líderes de opinião monomórficos: A tendência de um indivíduo para atuar como líder de opinião apenas num tópico. Além disso, os líderes de opinião desempenham um papel importante no processo de desenvolvimento agrícola,

nomeadamente (1) na difusão de inovações, (2) no reforço da confiança dos seguidores em relação a qualquer prática e (3) no estímulo à ação coordenada, que é benéfica para a sociedade ou o sistema.

Capítulo 5: Utilidade da Avaliação Rural Participativa (PRA) no RAWE

Gopala Y M e M. T. Lakshminarayan **Avaliação Rural Participativa (ARP)**

A Avaliação Rural Participativa, por outro lado, é uma família de abordagens e métodos que permite à população local analisar a sua situação para planear e agir. É uma metodologia para interagir com as populações rurais, compreendê-las e aprender com elas. Assim, o PRA pode ser definido como uma experiência de aprendizagem intensiva e sistemática levada a cabo numa comunidade por uma equipa multidisciplinar de investigadores e/ou pessoal de desenvolvimento, incluindo a população local. O método recolhe, num período de tempo relativamente curto, os pontos de vista das pessoas sobre o seu mundo, juntamente com as suas necessidades sentidas, para além de fornecer informações valiosas sobre a dinâmica da vida rural. A PRA, como metodologia de desenvolvimento da investigação, foi desenvolvida principalmente para avaliar os recursos, problemas e necessidades rurais pela própria população rural, sob a facilitação de investigadores e pessoal de desenvolvimento.

Técnicas do PRA: A metodologia PRA oferece um conjunto de ferramentas e técnicas para que se possa escolher a melhor combinação, dependendo da finalidade, objectivos e disponibilidade de recursos para a realização de pesquisas de desenvolvimento. Existem muitas técnicas de ARP que podem ser utilizadas para compreender e analisar várias facetas da vida rural. Além disso, antes de começar a fazer a ARP propriamente dita, deve-se assegurar que seja marcada uma reunião para esse fim com os principais participantes da aldeia, tais como o chefe da aldeia (Sarpanch / Pradhan), o contador da aldeia, o oficial de desenvolvimento da aldeia, os funcionários de outros departamentos de desenvolvimento colocados na aldeia, um grupo transversal de agricultores etc. Compartilhe livre e francamente os objetivos do exercício para ganhar a confiança e a cooperação voluntária dos participantes. Utilize esses contatos para desenvolver rapidamente o relacionamento com os aldeões em geral. Em seguida, inicie a ARP usando as seguintes técnicas na mesma seqüência abaixo.

1. **Recolha de informações básicas da aldeia:** Esta técnica permite documentar, num prazo relativamente curto, os dados básicos de uma aldeia, tais como dados demográficos, socioeconómicos, agricultura e criação de animais, problemas de poluição etc. Para realizar uma ARP dentro de um prazo razoável, a equipa da ARP tem que recolher as informações básicas da aldeia consultando os registos disponíveis no escritório do panchayat da aldeia e também interagindo com os Informadores Chave (Kls). Para isso, selecione, de preferência, os membros oficiais do panchayat / escola e tais organizações da aldeia como Informantes-Chave.

2. **Transecto de aldeia:** Também é conhecido como transecto geral. O transecto consiste em fazer uma longa caminhada dentro da aldeia e localizar os vários itens que se encontram nela, tais como o solo, as colheitas, os animais, os problemas etc. Para começar uma caminhada de transecto, decida a rota com características variadas, tome pelo menos três rotas, duas ao longo de ambos os lados da aldeia e uma passando pela aldeia. Assegurar a participação dos aldeões. Discutir durante a caminhada de transecto. Identificar a topografia (nichos agro-ecológicos), tais como terras altas, terras médias, terras baixas, estradas, áreas residenciais, barreiras de campo, lagoas, riachos, terras pantanosas de colinas, terras comuns, terras florestais, pomares, terras aráveis, terras não aráveis etc. Escreva as linhas de transecto acima referidas na língua local, juntamente com a tradução em inglês. Mencione um nicho apenas uma vez, independentemente da frequência com que ocorra. O transecto não é uma linha imaginária que passa pela aldeia. A convenção geral é colocar as terras altas à esquerda e as terras baixas à direita. Coloque as imagens dos nichos no topo. Agora preencha a matriz do transecto com referência às seguintes variáveis em cada um dos nichos agro-ecológicos: tipo de solo, recursos hídricos, culturas, legumes, árvores, florestas, agro-silvicultura, forragens, animais, intervenções, problemas e oportunidades. Ao listar as espécies, liste também as espécies não disponíveis atualmente, mas cultivadas noutras estações.

3. **Mapa agro-ecológico:** O mapa agro-ecológico descreve a relação entre a agricultura e o ambiente, que inclui a temperatura média, a precipitação média, a fragmentação das explorações, a vegetação natural, o sistema de drenagem, as ervas

daninhas, etc. Incentive os agricultores a desenharem este mapa. Identifique os principais marcos de terra. Identifique os limites dos sistemas (aldeia) e sub-sistemas (terras de cultivo, pomares, terras comuns, etc.), mostre as aldeias vizinhas ou outras características como rios, colinas, terras do governo, florestas, etc., onde termina o limite da aldeia. Descreva as colheitas, os animais, os recursos naturais, tais como o tipo de solo, os recursos hídricos (poços, rio, canal, lagoas etc.), a floresta, os recursos de propriedade comum (CPRs), o uso dos recursos disponíveis localmente ou qualquer coisa que os participantes observem durante a caminhada. Escreva na língua local junto com a tradução em inglês. É diferente do mapa da aldeia. 4

4. **Mapa de recursos**: Este mapa indica tanto os recursos naturais como os recursos artificiais necessários para o desenvolvimento da agricultura. Assegure a participação de todas as partes interessadas (homens, mulheres, idosos, jovens e crianças). Descreva as principais culturas, árvores, animais, casas, escolas, utensílios agrícolas, artigos de luxo, meios de comunicação, recursos sociais como grupos de mulheres, grupos de autoajuda (SHG), autogoverno local, etc.

5. **Mapa social:** Trata-se de um desenho ou mapa simples feito sem escala para entender e simplificar a localização e a estrutura das casas e outras instalações sociais. Descreve as várias questões sociais da aldeia, tais como a estrutura social, a estratificação, as instalações sociais, os conflitos, a cooperação, os sistemas de valores, o padrão de liderança, o padrão de habitação, os males sociais, etc.

6. **Mapa de mobilidade:** Este mapa indica o padrão de mobilidade da população rural em termos de locais visitados, objetivo, modo de transporte, custo e tempo envolvidos, etc. De certa forma, esta técnica ajuda-nos a analisar o comportamento cosmopolita das pessoas.

7. **Linha do tempo e tendência do tempo:** A linha do tempo indica os principais eventos lembrados na história da vida de uma aldeia que têm relação direta ou indireta com a vida rural. A tendência temporal, por outro lado, revela as mudanças/ flutuações que ocorreram durante um período de tempo nas variáveis que influenciam a vida da aldeia. A tendência temporal também indica o

comportamento de enfrentamento dos aldeões durante as adversidades.

8. **Análise sazonal:** Indica as anomalias mensais no domínio da agricultura e da pecuária.

9. **Diagrama de impacto/consequências:** Indica as mudanças que ocorreram quer para o indivíduo quer para a sociedade devido à adoção da tecnologia.

10. **Classificação da riqueza**: Refere-se à colocação dos aldeões ao longo de um continuum de riqueza descrito em termos de um conjunto de critérios identificados pelos próprios aldeões.

11. **Análise dos meios de subsistência**: Indica a forma como os aldeões pertencentes a diferentes categorias de riqueza gerem os seus meios de subsistência em termos de dinâmica de rendimentos e despesas, incluindo a gestão de crises. 12.Mapa do agregado familiar: Este mapa descreve a forma como os arredores de um agregado familiar típico aparecem sem entrar nos pormenores da sua estrutura interna.

13. **Diagrama de fluxo de recursos biológicos**: Isto indica o grau em que os membros do agregado familiar da aldeia utilizam e reciclam os vários recursos dentro e à volta do seu ambiente para sugerir medidas correctivas.

14. **Diagrama de Venn:** Também é conhecido como diagrama chapatti. Indica a importância de vários indivíduos e instituições dentro e fora da aldeia no que diz respeito a um fenómeno relacionado com a vida rural, por exemplo, a obtenção de empréstimos para fins agrícolas. Reflecte sobre as ligações e as partes interessadas da aldeia no que diz respeito ao fenómeno estudado.

15. **Diagrama da rotina diária:** Este diagrama descreve a forma como as pessoas das zonas rurais gerem o seu tempo quotidiano.

16. **mapa do know-how técnico indígena (ITK):** Este mapa apresenta as instruções pictóricas sobre as tecnologias indígenas encontradas na aldeia, no que respeita à agricultura.

17. **mapa tecnológico:** O mapa tecnológico indica o comportamento dos agricultores em termos de adoção, rejeição e abandono das tecnologias agrícolas.

18. classificação matricial: A matriz de classificação indica as razões do comportamento dos agricultores em termos de decisão tecnológica.

19. classificação de preferências: Esta técnica ajuda a identificar e a dar prioridade a vários problemas agrícolas numa aldeia. 20. árvore de problemas: A árvore de problemas indica as várias causas responsáveis por um problema específico relacionado com a agricultura. Também indica possíveis intervenções para as várias causas, o que ajudará na identificação de problemas relacionados com uma disciplina.

21.Árvore de soluções: É uma modificação da árvore de problemas, em que para cada nível de causa do problema, são indicadas soluções para resolver esse problema em particular.

22. **Plano de ação:** Refere-se ao plano de ação preparado de forma participativa, tendo em conta os pontos de vista de todas as partes interessadas para resolver o problema mais importante. Tenta responder a algumas perguntas básicas como o quê, como, quando, onde e por quem, relativas ao curso de ação para resolver o problema identificado e priorizado.

Capítulo 6: Métodos de ensino de extensão

Dileep Kumar C & Aashik Khanal

Métodos de ensino de extensão (ETM)

Os MTE podem ser definidos como os dispositivos utilizados para criar situações em que possa ocorrer uma comunicação significativa entre o formador e os formandos. Os métodos de ensino da extensão são os instrumentos e técnicas utilizados para criar situações em que a comunicação possa ter lugar entre a população rural e os profissionais da extensão. Estes são os métodos de transmissão de novos conhecimentos e competências à população rural, chamando a sua atenção para essas tecnologias, despertando assim o seu interesse e ajudando-a a ter uma experiência bem sucedida da nova prática. É necessária uma compreensão adequada destes métodos e da sua seleção para um determinado tipo de trabalho. Em termos gerais, as funções dos métodos de extensão são:

1) proporcionar a comunicação de modo a que o aprendente possa ver, ouvir e fazer as coisas a aprender.

2) Proporcionar um estímulo que provoque a ação mental e/ou física desejada por parte do aprendente.

Tipos de métodos de ensino de extensão

Os métodos de extensão foram classificados por Wilson e Gallup (1955) da seguinte forma :

a) **Métodos de contacto individuais:**

1) Visitas à quinta e ao domicílio;

2) Telefone para o escritório;

3) Chamadas telefónicas;

4) Carta pessoal;

b) **Métodos de contacto de grupo:**

1) Demonstrações de resultados

2) Reunião de demonstração do método

3) Reuniões de formação de líderes;

4) Reuniões de professores

5) Conferências e reuniões de discussão

6) Reuniões de demonstração de resultados

7) Excursões

8) Escolas 9)Diversos

reuniões.

c) **Massa Métodos de contacto:**

1) Boletins

2) Folhetos

3) Novas histórias

4) Cartas circulares

5) Rádio

6) Televisão

7) Exposições

8) Posters.

1. **Métodos de contacto individuais**

Pode ser utilizado para contactar apenas uma pessoa de cada vez e transmitir-lhe as informações necessárias.

A) visitas às explorações agrícolas e ao domicílio:

Trata-se de um contacto individual, face a face, do extensionista com o aprendente e/ou com os membros da sua família na exploração agrícola, em casa ou no local de trabalho, para um ou mais fins específicos relacionados com a extensão.

B. Chamadas de escritório

Trata-se de um telefonema feito por um aluno ou por um grupo ao extensionista, no seu gabinete, para obter informações ou outras ajudas necessárias para o conhecer.

C. Cartas pessoais

Trata-se de uma carta pessoal e individual escrita pelo extensionista aos alunos no âmbito do trabalho de extensão.

2. Métodos de contacto de grupo

A. Demonstrações de resultados

Uma demonstração de resultados é um método ou um ensino destinado a mostrar, através de um exemplo, a aplicação prática de um facto estabelecido, ou de um grupo de factos relacionados. ·Por outras palavras, é uma forma de mostrar às pessoas o valor ou a utilidade de uma prática melhorada cujo sucesso já foi estabelecido na estação de investigação. · Neste método, a nova prática é comparada com a antiga para que os alunos possam ver e julgar os resultados por si próprios,

Objectivos:

1) para demonstrar a utilidade (valor) e a viabilidade de uma prática recomendada em condições de campo.

2) O principal objetivo é criar confiança tanto nos alunos como no professor de extensão.

Vantagens:

1) Dá ao extensionista uma garantia suplementar de que a recomendação é prática e fornece provas locais das suas vantagens.

2) Aumenta a confiança dos alunos no extensionista e nas suas recomendações.

3) Útil na introdução de uma nova prática.

Limitações:

1) requer muito tempo e preparação por parte dos extensionistas.

2) Um método de ensino dispendioso.

3) É difícil encontrar bons demonstradores que mantenham registos.

4) O valor pedagógico é frequentemente destruído por condições climatéricas desfavoráveis e outros factores.

6) O insucesso das manifestações pode comprometer o prestígio da extensão e provocar uma perda de confiança

B. Demonstração do método

É uma demonstração de duração relativamente curta feita perante um grupo para mostrar como realizar uma prática inteiramente nova ou uma prática antiga de uma forma melhor. Não se trata de dar a conhecer o valor de uma prática, mas sim o modo de fazer algo; não se trata, de modo algum, de uma experiência ou de um percurso, mas sim de um esforço de ensino. *A demonstração do método é dada pelo próprio extensionista ou por um líder treinado com o objetivo de ensinar uma habilidade a um grupo. *No papel de um técnico qualificado, o extensionista ou o líder mostra o procedimento passo a passo da operação, explicando cada passo sucessivo à medida que avança. Os alunos observam o processo, ouvem a explicação oral e fazem perguntas durante ou no final da demonstração para esclarecer pontos sobre os quais há incerteza.

Objectivos:

1. para permitir que as pessoas adquiram novas competências.
2. Permitir que as pessoas melhorem as suas antigas competências.
3. Para que os alunos façam as coisas de forma mais eficiente, eliminando as práticas defeituosas.
4. Para poupar tempo, trabalho e aborrecimentos (incómodos) e para aumentar a satisfação dos alunos.
5. Para dar confiança às pessoas de que uma determinada prática recomendada é uma proposta praticável na sua própria situação.

Vantagens:

- Ver, ouvir, discutir e participar num grupo estimula o interesse e a ação.
- O dispendioso processo de "tentativa e erro" é eliminado.
- A aquisição de competências é rápida.
- Se a demonstração for feita com competência, aumenta a confiança do extensionista em si próprio e também a confiança das pessoas no professor extensionista.
- Introduz mudanças de prática a baixo custo.

Limitações:

1) Adequado apenas para práticas que envolvam competências.

2) Necessita de uma boa dose de preparação, de equipamento e de competências por parte do extensionista.

3) Pode exigir o transporte de equipamento considerável para o local de trabalho.

D. Discussões em grupo

É a forma que ocorre quando duas ou mais pessoas, reconhecendo um problema comum, trocam e avaliam informações e ideias, num esforço para resolver esse problema. O seu esforço pode ser dirigido para uma melhor compreensão do problema ou para o desenvolvimento de um programa de ação relativo ao problema. A discussão ocorre normalmente numa situação de face a face ou de co-ação, sendo a troca de ideias feita oralmente. E quando estão envolvidas mais do que duas pessoas, ocorre normalmente sob a direção de um líder.

E) Visitas de estudo

Trata-se de um método em que um grupo de agricultores interessados, acompanhados e guiados por um extensionista, faz uma digressão para ver e conhecer em primeira mão as práticas melhoradas no seu ambiente natural.

3. Métodos de contacto em massa

A. **Publicação** (Revistas de extensão, boletins, boletins informativos, panfletos, pastas, folhetos) Objetivo geral:

-O objetivo da escrita é comunicar informações.

-Por isso, a sua primeira consideração é o seu público leitor.

B. Cartas circulares

É uma carta produzida e enviada a muitas pessoas pelo extensionista, para divulgar uma atividade de extensão (como uma reunião, uma exposição, etc.) ou para dar informações oportunas sobre problemas agrícolas e domésticos.

D. BOLETIM DE NOTÍCIAS

Jornal é um conjunto de papéis impressos soltos, devidamente dobrados, que contém notícias, opiniões, publicidade, etc. ·E é oferecido para comunicação a intervalos regulares, particularmente diariamente ou semanalmente. Os jornais são geralmente impressos num tipo especial de papel, conhecido como papel de jornal.

E. RADIOS

É um meio de comunicação de massas, uma ferramenta para dar informação e entretenimento.

F. TELEVISÕES

A televisão é um meio audiovisual eletrónico, que fornece imagens com palavras e efeitos sonoros. Pode ser utilizada para sensibilizar instantaneamente as massas. Pode tratar de problemas actuais e apresentar soluções. Contribui com informação e acelera o processo de adoção.

G. COMPAIXÃO

Trata-se de uma atividade pedagógica intensiva realizada num momento oportuno (favorável) durante um breve período, centrando a atenção num problema específico com vista a estimular o interesse mais vasto possível numa comunidade. Por exemplo, (sobre a adoção de uma determinada tecnologia. As campanhas só são lançadas depois de uma prática recomendada se ter tornado aceitável para as pessoas em resultado de outros métodos de extensão, como demonstrações, etc.

Capítulo 7 : Assembleia Geral

Sowjanya N J

A reunião geral é um método de contacto em massa em que um grande número de pessoas heterogéneas se reúne com o objetivo de partilhar os seus conhecimentos e experiências para satisfazer um desejo natural de contacto social. A reunião geral inclui as reuniões que são realizadas para informar e criar um contacto pessoal com um grande número de pessoas.

Reunião Geral Organizada pelos estudantes da UAS, Bangalore, durante a RAWEP-24

Objetivo: A reunião geral é utilizada para apresentar os estudantes aos habitantes das aldeias e para os informar sobre as futuras actividades educativas nas aldeias.

Convocar os membros de um grupo ou os habitantes de uma comunidade local para uma reunião é o método mais comum de extensão de grupo. Apesar de poderem ter um carácter informal, estas reuniões devem ser cuidadosamente pensadas e planeado. A reunião do grupo ou da comunidade é um fórum educativo útil onde o agente e os agricultores podem reunir-se e as ideias podem ser discutidas e analisadas abertamente. É provável que o agente tenha informações sobre uma nova política governamental ou uma ideia ou prática agrícola. Vai querer apresentar esta nova informação, para obter a opinião dos membros da comunidade e ganhar o seu apoio para as actividades de extensão. De facto, existe uma grande variedade de objectivos para estas reuniões comunitárias ou de grupo. Existem diferentes tipos de reuniões de grupo, nomeadamente

Reuniões de informação: O agente convoca o grupo ou a comunidade para comunicar uma nova informação específica que considera benéfica para eles e sobre a qual pede o seu parecer.

Reuniões de planeamento: O principal objetivo é analisar um problema específico, sugerir uma série de soluções e decidir sobre uma linha de ação.

Reuniões de interesse especial: Os temas de interesse específico para um determinado grupo de pessoas (por exemplo, horticultura, apicultura ou produção de leite) são apresentados e discutidos em pormenor a um nível relevante para os participantes.

Reuniões gerais da comunidade: Os homens, as mulheres e os jovens de uma comunidade são convidados a participar para discutir questões de interesse geral para a comunidade. É importante realizar estas reuniões gerais ocasionalmente, para evitar que qualquer grupo comunitário se sinta excluído das actividades de extensão.

Seja qual for o caso, no entanto, o agente só deve convocar uma reunião se achar que ela pode ser útil. Se os agricultores sentirem que o seu tempo foi desperdiçado com uma reunião, podem recusar-se a participar em reuniões posteriores, frustrando assim o trabalho do agente. Uma vez decidida a realização de uma reunião, o agente deve fazer preparativos cuidadosos e verificar uma série de disposições importantes que serão necessárias para garantir o êxito da reunião.

O objetivo básico da reunião deve ser acordado e, para o determinar, o agente deve consultar os líderes da comunidade ou do grupo. Só então o agente e os líderes da comunidade podem considerar o conteúdo e a melhor abordagem para a reunião. Pode ser útil escrever em poucas palavras qual é o objetivo, e depois ver quais são os aspectos importantes a considerar. Se se tratar de uma reunião para fornecer informações, o agente deve estruturar o seu material de forma coerente e decidir em que sequência o vai apresentar. Se se trata de uma reunião geral da comunidade, então, da mesma forma, deve decidir como vai estruturar o

reunião e introduzir o debate sobre as questões que tem em mente.

Etapas da realização da Assembleia Geral

a) Planeamento:(1) Seleção do tópico / tema. (2) Identificação do momento adequado. (3) Seleção do local. (4) Seleção dos oradores, do presidente, etc. (5) Publicidade adequada. (6) Arranjo físico.

b) Condução: Mesmo a reunião mais cuidadosamente preparada pode falhar se não for conduzida da forma correcta. Embora os preparativos acima referidos sejam importantes, a forma como a reunião decorre determinará se será um sucesso ou não. O agente deve estar consciente de que está a lidar com adultos que não querem ficar sentados durante horas a ouvir um orador falar sem parar. O agente deve tentar variar a ordem de trabalhos da reunião: por exemplo, uma breve palestra, acompanhada de recursos visuais, seguida de comentários e perguntas.

A condução de uma reunião é o seu desenrolar efetivo. Os dois aspectos a ter em conta são o procedimento do programa e a participação da audiência. Procedimento do programa: (1) Comece a reunião a horas. (2) Indique o objetivo e o programa da reunião. (3) Faça uma breve introdução no início da reunião. (4) Concentre a atenção no tema central. (5) Mantenha a reunião a decorrer dentro do horário previsto. (6) Utilize meios audiovisuais adequados. Participação do público como (1) Observe as reacções do público, incentive a participação do público. (2)

Encerrar a reunião atempadamente com um breve resumo do Presidente. (3) Reconheça as pessoas que participaram ativamente. (4) Entregue as pastas ou panfletos relevantes no momento do intervalo. (5) Registe os nomes das pessoas interessadas em obter mais informações ou fazer um acompanhamento.

c) Acompanhamento: Uma reunião nunca deve ser considerada como um fim em si mesma. O processo da reunião deve ser parte integrante de todas as actividades educativas, isto é, das suas actividades de extensão nas aldeias. No final da reunião, deve apresentar um resumo impresso das palestras. Depois de considerar as duas questões acima, pode ser útil para o agente elaborar uma lista de outras providências a serem tomadas na preparação da reunião. Essa lista de controlo pode incluir

Lista de controlo

- Publicidade da reunião

- Disposição dos lugares

- Equipamento e material audiovisual ou outro material didático

- Agenda e ordem dos acontecimentos

- Oradores convidados ou outros especialistas que contribuirão para a reunião

- Presidente da reunião, que deve ser eleito pela comunidade

- Refrescos para os oradores e, se necessário, para os outros participantes.

Reunião geral para informar a aldeia sobre a RAWEP

Atribuição aos alunos:(a) Siga o procedimento acima descrito e realize a reunião geral na aldeia que lhe foi atribuída, sendo apresentada a seguir uma lista de verificação das perguntas a avaliar pelos alunos.

1. Se a hora e o local eram os mais adequados? Sim / Não

2. Se as condições físicas são confortáveis? Sim / Não

3. A reunião começou a horas? Sim / Não

4. Se a reunião foi longa, houve intervalos adequados entre elas? Sim / Não

5. O público mostrou interesse na reunião? Sim / Não

6. A agenda estava demasiado cheia? Sim / Não

7. Os trabalhos da reunião foram bem conduzidos? Sim / Não

8. O orador causou uma boa impressão no público? Sim / Não

9. Conseguiram todos ouvir tudo o que foi dito? Sim / Não

10. O tema foi facilmente compreensível? Sim / Não

11. Se o material didático utilizado era adequado? Sim / Não

12. O debate foi estimulante? Sim / Não

13. Foi construtivo e direto? Sim / Não

14. O público participou plenamente? Sim / Não

15. A discussão foi resumida de forma adequada? Sim / Não

16. Chegou a alguma conclusão útil? Sim / Não

17. A reunião conduziu a resultados positivos? Sim / Não

18. Se é possível introduzir melhorias para a próxima reunião Sim / Não

19. Em caso afirmativo, que melhorias?

(a) ____

(b) ____

(c) ____

Capítulo 8: VISITA À EXPLORAÇÃO E AO LAR

Vishnuram

Trata-se de um contacto direto do extensionista com o agricultor ou com os membros da sua família, em sua casa ou na sua exploração agrícola, com um objetivo específico. A visita à exploração agrícola e ao domicílio implica, normalmente, passar algum tempo numa exploração agrícola ou numa propriedade rural, experimentando vários aspectos da vida agrícola e da vida rural. Inclui muitas vezes actividades como visitar a quinta, participar em tarefas agrícolas como alimentar os animais ou colher colheitas, aprender sobre práticas agrícolas sustentáveis, saborear refeições à mesa na quinta e interagir com a comunidade local. Oferece uma oportunidade aos habitantes da cidade ou aos que não estão familiarizados com a vida rural para se ligarem à natureza, adquirirem conhecimentos sobre as práticas agrícolas e apreciarem a simplicidade e a beleza da vida no campo.

Visita dos especialistas durante a RAWEP

Objetivo:

1. Educação: As visitas às explorações agrícolas e aos lares proporcionam uma oportunidade para as pessoas aprenderem sobre vários aspectos da agricultura, incluindo técnicas agrícolas, criação de animais e práticas sustentáveis. Os visitantes podem adquirir conhecimentos práticos e uma compreensão mais profunda da origem dos seus alimentos.

2. Aprendizagem experimental: A participação em actividades práticas, como

ordenhar vacas, recolher ovos ou plantar colheitas, permite aos visitantes experimentar em primeira mão os ritmos e desafios diários da vida na quinta.

3. Ligação à natureza: Passar algum tempo no campo oferece uma oportunidade de se reconectar com a natureza e experimentar a sua beleza e tranquilidade. As visitas a quintas e a casas permitem aos visitantes mergulhar num ambiente natural, longe do ruído e das distracções da vida urbana.

4. Envolvimento da comunidade: A visita a uma exploração agrícola implica frequentemente a interação com a comunidade agrícola local, incluindo os agricultores, as suas famílias e outros visitantes. Estas interacções promovem um sentido de comunidade e proporcionam oportunidades de intercâmbio cultural e de ligação social.

5. Promoção de práticas sustentáveis: Muitas visitas a quintas e casas de campo centram-se na promoção de práticas agrícolas sustentáveis, como a agricultura biológica, a permacultura ou a agrofloresta. Ao mostrar estes métodos, as quintas pretendem inspirar os visitantes a adotar práticas mais amigas do ambiente nas suas próprias vidas.

6. Apoio à agricultura local: As visitas às quintas e aos lares podem contribuir para a economia local, apoiando os pequenos agricultores e artesãos. Os visitantes podem ter a oportunidade de comprar produtos frescos, produtos caseiros ou artesanato diretamente da quinta, apoiando assim as empresas locais e os sistemas alimentares sustentáveis.

7. Para conhecer e ganhar a confiança do agricultor e fazer uma visita de cortesia.

8. Para discutir problemas individuais.

9. Para descobrir os problemas.

10. Obter ou dar informações.

11. Para ensinar competências.

Procedimento: 1. Planeamento e programação: Os visitantes começam normalmente por pesquisar quintas ou propriedades rurais na zona que desejam visitar. Pode contactar diretamente a quinta ou reservar através de um operador turístico, se disponível. O agendamento da visita com antecedência garante que tanto os visitantes como os anfitriões possam planear adequadamente.

2. Confirmação e pormenores: Uma vez confirmada a visita, os visitantes devem receber pormenores sobre a data, hora, duração e quaisquer instruções ou requisitos específicos para a visita. Isto pode incluir informações sobre o vestuário adequado, quaisquer isenções ou acordos a assinar e se são necessárias taxas ou donativos.

3. Chegada e boas-vindas: À chegada, os visitantes são normalmente recebidos pelos anfitriões ou pelo pessoal da exploração, que lhes dão as boas-vindas e orientação. Esta pode incluir uma visão geral da disposição da quinta, orientações de segurança e uma introdução às actividades planeadas para a visita.

4. Visita à quinta e actividades: A parte principal da visita envolve uma visita guiada à quinta, durante a qual os visitantes aprendem sobre os vários aspectos da vida na quinta, como o cultivo de culturas, o cuidado dos animais e as práticas sustentáveis. Dependendo do itinerário, os visitantes podem também participar em actividades práticas como alimentar os animais, colher colheitas ou ordenhar vacas.

5. Refeição ou refrescos: Muitas visitas a quintas incluem uma refeição ou bebidas confeccionadas com ingredientes de origem local, proporcionando aos visitantes uma amostra da cozinha da quinta para a mesa. Pode tratar-se de um almoço de piquenique, de uma refeição tradicional da quinta ou de snacks e bebidas servidos durante a visita.

6. Extras opcionais: Dependendo da quinta e dos interesses do visitante, pode haver extras opcionais, como workshops, demonstrações ou visitas adicionais a áreas específicas da quinta. Estas actividades podem exigir uma reserva separada ou taxas adicionais.

7. Partida e despedida: No final da visita, os visitantes despedem-se dos anfitriões

e expressam a sua gratidão pela experiência.

Visita ao terreno por um perito na matéria juntamente com os alunos

Os pontos seguintes **devem ser seguidos** durante a visita à exploração agrícola e ao domicílio:

(1)   Desenvolva conversas sobre temas de interesse.

(2)   Deixe o agricultor falar a maior parte do tempo e não o interrompa.

(3)   Fale apenas quando ele/ela estiver disposto/a a ouvir.

(4)   Fale em termos de ele/ela tem interesse.

(5)   Utilize uma linguagem natural e fácil, fale devagar e com alegria.

(6) Seja exato na sua declaração.

(7) Não prolongue as discussões.

(8) Deixe o agricultor ficar com os louros das coisas boas.

(9) Seja sincero tanto a aprender como a ensinar.

(10) Registe a visita - data, objetivo, realizações e compromissos.

(11) Se necessário, entregue uma pasta ou um folheto, etc., relativo ao tema discutido.

Atribuição aos alunos:

Siga o procedimento acima para empregar as visitas à quinta e ao domicílio durante o seu RAWEP.

Documentar todas as visitas de campo e domiciliárias da RAWEP.

GPS Map Camera
Nerlahalli, Karnataka, India
FH94+W6J, Nerlahalli, Karnataka 561211, India
Lat 13.469531°
Long 77.558192°
Google
24/11/23 12:15 PM GMT +05:30

Capítulo 9: Reunião de discussão em grupo

Udham Singh

A discussão em grupo é quando um grupo de pessoas se reúne para discutir um determinado tópico. Muitos recrutadores utilizam a discussão em grupo (GD) para testar as capacidades de comunicação e de liderança de um candidato, testar o conhecimento do tema, etc. Existem também dois outros tipos de GD que testam o pensamento lateral de um candidato. Trata-se de um breve estudo de caso e de um exercício de grupo. Muitas vezes, as rondas de discussão em grupo são consideradas difíceis, mas não o são se seguir alguns passos.

A discussão geral (DG) é uma sessão em que são avaliadas as capacidades do candidato, incluindo a liderança, a comunicação, as competências sociais e comportamentais, a cortesia, o trabalho em equipa, a capacidade de ouvir, a consciência geral, a autoconfiança e a capacidade de resolução de problemas. Normalmente, a Discussão em Grupo surge após o exame de admissão a um curso profissional. Dependendo das empresas ou organizações, a discussão em grupo pode ser a primeira ou a última etapa do processo de contratação.

O local da conversa de grupo não tem de ser à mesa. Pode sentar-se em qualquer lugar, desde que todos consigam ver os rostos uns dos outros. Não se trata apenas de uma conversa típica; é também uma discussão baseada em factos e conhecimentos.

Os tipos de debates em grupo são:
- Discussões de grupo factuais
- Discussão em grupo com base em opiniões
- Conversas de grupo baseadas em estudos de casos
- Discussão em grupo de resumos.
- **Debates factuais em grupo:** Estes debates centram-se no mundo real e testam a capacidade do candidato para digerir informações e analisar preocupações socioeconómicas ou quotidianas.
- **Discussão em grupo com base em opiniões**: Teste a capacidade dos

candidatos para articularem as suas crenças e pontos de vista. Estas conversas de grupo tendem a centrar-se mais em opiniões do que em factos.

- **Conversas de grupo baseadas em estudos de casos:** Estas discussões imitam circunstâncias do mundo real. O grupo recebe as especificidades de um cenário fictício pelo

Os participantes no painel devem, em seguida, trabalhar em conjunto para o resolver.

- **Discussões abstractas em grupo:** Trata-se de discussões abstractas em grupo. Nestes casos, os entrevistadores verificam se o candidato consegue abordar o tema em causa com originalidade e pensamento lateral.

Competências necessárias para avaliar numa discussão de grupo

Os membros do painel avaliam o desempenho de um candidato num debate de grupo com base na sua proficiência nos seguintes domínios:

Conhecimento do assunto: O seu conhecimento do assunto a tratar é a primeira coisa que os empregadores avaliam. Os empregadores, por exemplo, querem que tenha um conhecimento profundo dos seus produtos e do processo de vendas se pretender um lugar de vendedor.

Criatividade/Originalidade: Nalguns empregos, são necessárias soluções inovadoras e um pensamento não convencional. Os membros do painel podem utilizar actividades de grupo nestas situações para avaliar a sua criatividade e originalidade de ideias quando trabalha em grupo.

Voz: Controlar o tom, o volume e o timbre da sua voz são exemplos de capacidades de comunicação. Numa discussão de grupo típica, os empregadores procuram uma abordagem vigorosa, uma voz autoritária, clareza no discurso e um tom audível.

Linguagem corporal: A sua linguagem corporal transmite muito sobre os seus comportamentos e atitudes no trabalho.

Fluência: Falar claramente é uma capacidade necessária para cargos de vendas ou de atendimento ao cliente.

Iniciativa: A iniciativa própria é um sinal de boa capacidade de liderança. Os membros do painel avaliarão inicialmente as suas tentativas de iniciar e estabelecer o fluxo da conversa.

Audição ativa: Para funções de gestão ou de serviço ao cliente, a audição ativa é uma competência crucial. Num grupo típico, todos tentam enfatizar os seus pontos de vista para chamar a atenção.

Processo de discussão em grupo

O processo da Ronda GD segue as seguintes etapas

Anúncio do tema: O anúncio do tema é o passo inicial em qualquer GD. O membro do painel apresenta o tema.

Tempo de preparação: Este é um período de preparação durante o qual todos os candidatos terão 2 a 5 minutos para preparar o seu conteúdo.

Início do debate: Nesta altura, um candidato, que pode ser qualquer um dos outros participantes, inicia a conversa.

Debate entre os participantes: Depois de o membro do painel ter pedido aos participantes para recapitularem todo o debate, estes continuaram a falar.

Resultados: Esta é a última etapa do processo, em que são anunciadas as classificações de discussão de cada candidato em função do seu desempenho.

Group Discussion Process

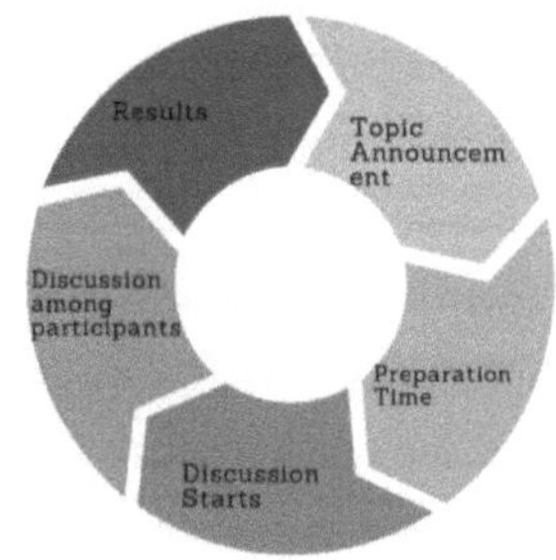

Orientações para o debate em grupo

Segue-se uma lista das regras de discussão em grupo:

Faça os seus trabalhos de casa sobre o assunto: A solução mais fácil é fazer uma lista de todas as informações cruciais enquanto se prepara.

Prepare o seu conteúdo: Confie no seu conteúdo Confiar no seu conteúdo é benéfico. Se lhe faltar a confiança, pode tropeçar numa frase, o que dará uma impressão errada.

Não inicie se não tiver a certeza: Se não tiver a certeza do seu tópico, não inicie a conversa.

Evite conflitos: Alguns candidatos tornam-se frequentemente agressivos durante as discussões em grupo.

Não discuta durante a conversa.

Erros a evitar nas discussões de grupo

Numa discussão em grupo, evite os erros mencionados abaixo

- Se não sabe muito, deixe de seguir pistas.
- Não tenha relutância em iniciar a conversa.
- Tente assumir a liderança se tiver conhecimentos e garantias sobre o assunto.
- Não roube os pensamentos ou comentários de outra pessoa.
- Enquanto fala, estabeleça contacto visual com todos os participantes.
- Quando inicia um debate, deve ter em conta que existem vários candidatos.
- Não perca a confiança na conversa como um todo.
- A conversa de grupo não dura muito tempo. Dura apenas um breve período de tempo.
- Evite falar devagar.
- Numa conversa de grupo, deve falar sempre mais alto para que todos o possam ouvir e compreender.
- Em vez de se limitar a conversar durante um debate, tente contribuir.

Sugestões para debates em grupo

- Tente estabelecer contacto visual com todos os intervenientes na discussão em grupo quando eles estão a falar, ou quando você está a falar, pois isso demonstra a sua atenção.

- Tente não interromper quando os outros estão a falar, pois os recrutadores procuram um candidato que tenha espírito de equipa

- Pode acontecer que a outra pessoa lhe tenha roubado o ponto que você tinha anotado ou planeado falar no GD. Não entre em pânico. Respire fundo e volte a dar a notícia como se nada tivesse acontecido, pois os membros do painel podem ver como reage a essas circunstâncias.

- Se não estiver a par do tópico, deixe os colegas de grupo falarem primeiro, pegue numa pista e tente defender os seus pontos de vista. Ou então, pode reformular o que os seus colegas de grupo querem dizer ou tentar reiterar os seus pontos de vista ou, no pior dos casos, pode resumir a discussão.

- Se estiver a par do tema, tente anotar os pontos e seja o primeiro a iniciar a discussão. Desta forma, pode chegar a um ponto significativo da sua escolha.

- Pode participar num simulacro de DG. Isto ajudará a abrir o processo de pensamento a diversos tópicos e, como ponto positivo, pode conhecer os seus pontos fortes e fracos. Também pode praticar em frente ao espelho. Também faz um milagre.

- A maior parte dos tópicos do GD são seleccionados dos jornais para garantir que está totalmente a par do que se passa em todo o mundo. Se não lê jornais e revistas, pode navegar em diferentes sítios Web que lhe darão uma visão geral dos últimos acontecimentos.

- Reparou que o seu amigo apenas fez 2 pontos enquanto você apresentou 5 pontos, mas ele foi o vencedor; lembre-se que a quantidade não conta, mas sim a qualidade

faça. Defenda pontos que sejam relevantes para o tópico ou que estejam relacionados. Não tente sair da caixa.

Fases da discussão em grupo

Procedimento

a) Planeamento: (1) Seleccione o tema com base nas necessidades das pessoas. (2) Recolha informação técnica suficiente sobre o tema. (3) Faça uma lista e recolha objectos, espécimes, modelos e outros materiais necessários. (4) Prepare os materiais didácticos (diapositivos, tabelas, gráficos de flanela, etc.). (5) Decida quais os oradores efectivos para a reunião. (6) Decida o lugar, a hora e o local da reunião em consulta com os aldeões. (7) Faça uma ampla publicidade da reunião. (8) Faça os preparativos físicos para a reunião.

b) Condução: (1) Comece a reunião a horas. (2) A organização física deve ser adequada. (3) Apresentação lógica do tema e início do debate, participação dos agricultores em todas as fases. (4) Utilize material didático eficaz para apoiar o ensino. (5) Utilize modelos, espécimes e amostras durante a apresentação. (6) Incentivar os agricultores a participar nos debates. (7) Identifique os agricultores tímidos e incentive-os a participar ativamente na reunião. (8) Evite discutir com os agricultores. (9) Apresente o custo da nova prática discutida. (10) Utilize a língua local durante a apresentação. (11) Distribua literatura relevante no final da reunião. (12) Agradeça ao público.

c) Avaliação: (1) Contagem dos agricultores presentes na reunião. (2) Participação ativa do público. (3) Contagem do número de pessoas que aceitaram o assunto / conhecimento técnico discutido.

Tarefa para os alunos: (1) Siga o procedimento dado para conduzir uma reunião de discussão em grupo. (2) Conduza as reuniões de discussão em grupo com base nas necessidades e interesses dos agricultores.

(3) Registe as seguintes informações após a conclusão de cada reunião de discussão em grupo.

     a) Topic title_______________________________

     b) Data, local e hora_______________________

     c) Número de audiências participadas___________________

     d) Speakers_____________________

     e) Especialistas (caso existam) _________________

     f) Perguntas feitas pelos agricultores__________________

     g) Respostas às perguntas dos estudantes___________________

     h) Sugestões dos agricultores_________________

     i) Material didático utilizado _______________________

Discussão em grupo durante a RAWEP

54

Capítulo 10: DEMONSTRAÇÃO DO MÉTODO

Panusha S T

A demonstração do método é uma demonstração de curta duração perante um grupo para ensinar como realizar uma prática inteiramente nova ou uma prática antiga de uma forma melhor. Trata-se de um método de ensino de competências.

Objetivo:

(1)   Ensinar competências e estimular as pessoas para a ação.

(2)   Aumentar a confiança e a satisfação do formando relativamente à prática.

Pontos a ter em conta aquando da demonstração do método:

(1)   A demonstração do método deve ser efectuada em tempo útil.

(2)   Faça publicidade prévia para suscitar o interesse e garantir uma ampla participação.

(3)   Utilize materiais facilmente disponíveis para as populações rurais.

(4)   Esclareça dúvidas, mas evite discussões.

(5)   Aprecie os métodos já utilizados pelo grupo.

Procedimento

A). Planeamento :

1. Analise as competências necessárias.

2. Informe-se com bastante antecedência sobre a hora, o local e a data de realização da demonstração do método.

3. Assegure os materiais necessários para efetuar a demonstração do método com bastante antecedência.

4. Seleccione o local onde todos os agricultores possam assistir à demonstração

do método.

5.

b) **. Condução**:

1. Chegue cedo ao local para verificar o equipamento e os materiais necessários para efetuar a demonstração do método.

2. O extensionista tem de praticar por si próprio antes de efetuar a demonstração do método.

3. Tome as medidas necessárias para que todos os participantes possam ver a demonstração e participar no debate.

4. Efectue a demonstração passo a passo.

5. Dê oportunidade aos indivíduos de praticarem a competência.

6. Distribua folhetos ou qualquer outra literatura relacionada com a manifestação.

C). Avaliação :

1. Indique o número de participantes e os seus nomes.

2. Recolha os nomes dos participantes que se apresentarem para aprender uma determinada técnica apresentada na demonstração do método.

3. Publique o artigo da 18news sobre a manifestação.

4. Acompanhe os participantes que praticaram as competências.

5. Confie aos líderes a tarefa de acompanhar a adoção de novas práticas.

Atribuição aos alunos:

(1) Siga o procedimento acima descrito para efetuar qualquer demonstração de método.

(2) Em cada aldeia, efectue 5 a 6 demonstrações de métodos com base nas

competências importantes que os agricultores devem aprender.

(3) Registe as seguintes informações no final de cada demonstração de método.

a. Tópico ___________________________

b. Data, local e hora ___________________________

c. Nome do(s) estudante(s) que efectuou(aram) a

demonstração___________________________

d. Os especialistas participaram ___________________________

e. Número de pessoas que participaram ___________________________

f. Perguntas feitas pelos agricultores ___________________________

g. Respostas às perguntas dos estudantes ___________________________

h. Material didático utilizado ___________________________

Exemplo de demonstração de método

amostragem e ensaio de solos

Para transmitir a importância da amostragem e do ensaio do solo, foi efectuada uma demonstração do método

organizado. A demonstração foi efectuada em colaboração com o Zuari Farm hub Limited, laboratório de desenvolvimento agrícola. O Dr. Channakesava, que trabalha como cientista do solo na Faculdade de Agricultura, GKVK, Bangalore, também esteve presente no evento. Explicou os objectivos da amostragem do solo e os passos a seguir para o procedimento. O Sr. Rudrappa, das indústrias Zuari, também se dirigiu aos agricultores. Cerca de 20 a 25 agricultores participaram ativamente na reunião. A importância da análise do solo foi salientada e convenceu-os a fazer análises do solo e da água e o método de recolha de amostras para análise do solo foi demonstrado ao vivo. Posteriormente, foram recolhidas e enviadas para análise amostras de solo dos campos dos agricultores contactados, tendo sido beneficiados mais de 50 agricultores.

TRATAMENTO DE SEMENTES

Foi realizada uma pequena reunião, juntamente com uma demonstração ao vivo, para sensibilizar os agricultores para a importância do tratamento de sementes. Observou-se que muitos agricultores desconhecem o tratamento de sementes. Por conseguinte, a reunião foi considerada útil para muitos dos agricultores, uma vez que o tratamento de sementes protege as plantas dos agentes patogénicos e das pragas transmitidos pelo solo. Na reunião, o método e o procedimento de tratamento de sementes foram explicados de forma sistemática e sequencial pelo patologista de plantas Dr. Jahir Basha e foi feita uma demonstração ao vivo em frente aos agricultores para que pudessem ter uma imagem clara e compreender facilmente. Explicou brevemente o método FIR de tratamento de sementes. O Dr. Siddharaju, professor de ciência e tecnologia de sementes, explicou os vários tipos de sementes e as propriedades das sementes de boa qualidade. Cerca de 20 agricultores foram beneficiados.

CULTIVO DE COGUMELOS

Foi efectuada uma demonstração de cogumelos na aldeia de Dandiganahalli. Cerca de 60 pessoas assistiram à demonstração. Os alunos explicaram os materiais necessários, a disponibilidade de semente e os passos envolvidos no cultivo de cogumelos, juntamente com a apresentação em power point.

Também foi explicada a importância da relação custo-eficácia do cogumelo, a comercialização do cogumelo, o seu rácio B:C e a sua rentabilidade. A principal matéria-prima necessária é a palha de arroz picada. É um negócio altamente lucrativo que pode ser feito em pequena escala pela população rural e por jovens empreendedores. As pessoas estavam tão interessadas e participaram ativamente na demonstração do método. Através do programa, 4-5 pessoas foram motivadas a começar a cultivar cogumelos nas suas casas e o feedback dos agricultores foi bom. A demonstração dos resultados do mesmo foi realizada no dia da exposição, que teve lugar a 3 de janeiro de 2024, e cerca de 140 agricultores foram beneficiados.

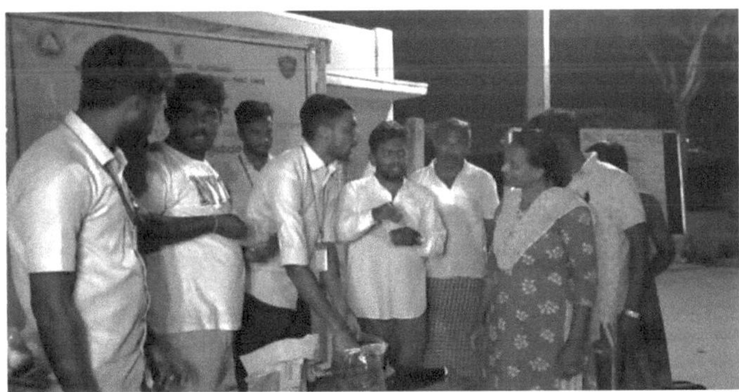

Capítulo 11 : Demonstração de resultados

Govardhan Gowda M R

A demonstração de resultados é um método de motivar as pessoas para a adoção de uma nova prática, mostrando os seus resultados claramente superiores. As demonstrações são realizadas na quinta ou em casa de indivíduos seleccionados e são utilizadas para educar e motivar grupos de pessoas na sua vizinhança.

História

Nas últimas décadas, o papel da demonstração na extensão agrícola evoluiu com os avanços da tecnologia e da comunicação. As ferramentas digitais, como os telemóveis e a Internet, têm sido cada vez mais utilizadas para prestar serviços de extensão e divulgar informações aos agricultores.

A demonstração de resultados é uma demonstração conduzida para mostrar o valor da nova prática em relação à existente num determinado momento e num determinado lugar, e isto será conduzido pelo próprio agricultor sob a supervisão direta do extensionista. É necessário um planeamento cuidadoso, tempo considerável e manutenção de registos. Além disso, a demonstração de resultados pode ser usada quando (a) a tecnologia é nova na área e (b) o extensionista não consegue convencer os agricultores sobre a tecnologia usando outros métodos.

Objetivo: (1) Mostrar o valor da nova tecnologia em relação à existente. (2) Criar confiança sobre a tecnologia tanto no agricultor como no extensionista. (3) Educar os outros agricultores sobre a tecnologia.

Procedimento: (1) Analise a situação e determine a necessidade de uma demonstração. (2) Decidir sobre a finalidade específica e escrever a declaração de objectivos. (3) Elaborar a conceção da demonstração, ou seja, planear a demonstração dos resultados.

(a) Seleccione o demonstrador: (a) Consulte os líderes locais e seleccione um demonstrador que mereça a confiança e o respeito dos seus vizinhos e que esteja interessado em melhorar as suas práticas (deve ser um agricultor típico da zona). Seleccione o demonstrador numa reunião. (b) Visite o potencial demonstrador para se certificar de que todas as condições para o sucesso da demonstração estão disponíveis. (c) O demonstrador deve estar convencido da sua responsabilidade pela realização bem sucedida da demonstração e do seu efeito na comunidade. (d) O manifestante deve estar disposto a utilizar a demonstração para fins didácticos através de publicidade, fotografias, reuniões, visitas guiadas, etc. (e) O manifestante deve assegurar o equipamento físico, os fornecimentos e os materiais necessários para levar a cabo a demonstração com êxito. (f) Explique e chegue a acordo com o demonstrador sobre o procedimento a adotar e, de preferência, deixe instruções escritas.

(b) Seleccione o terreno: (1) O terreno deve estar localizado de preferência numa berma de estrada para facilitar o acesso e a publicidade. (2) O campo deve ser representativo dos agricultores da aldeia (nem demasiado ricos nem demasiado pobres).

(c) Iniciar a demonstração: (1) Faça uma ampla publicidade antes de iniciar a demonstração. (2) Prepare todos os materiais. (3) Tenha um plano de trabalho escrito indicando as tarefas específicas. (4) Inicie a demonstração na presença dos habitantes da aldeia. (5) Providencie uma demonstração de método onde uma habilidade pode ser envolvida no início da demonstração. (6) Marque as parcelas de demonstração com sinais grandes, para que todos possam ver.

(d) Utilização da demonstração: (1) Os agricultores devem ser levados para o campo durante o crescimento da cultura para explicar a diferença. (2) Realização de uma reunião de demonstração de resultados na altura da colheita e comparação dos rendimentos com os custos. (3) Devem tirar-se fotografias e diapositivos para uso posterior (uso didático).

Tarefa para os alunos: Inicie a demonstração de resultados nas seguintes tecnologias.

(1) Variedades melhoradas de culturas. (2) Cultivo de cogumelos. (3) Qualquer outra nova tecnologia. Além disso, registe as seguintes informações após o início de cada demonstração de resultados.

    a) Nome da aldeia ___________________________

    b) Nome da tecnologia introduzida ___________________________

    c) Nome do agricultor com os seus dados pessoais

d) Meios didácticos / métodos utilizados para convencer os agricultores a adotar a tecnologia. ___________________________

e) Quando os resultados da nova tecnologia puderem ser vistos pelos agricultores___________________________

f) Agências / pessoas envolvidas na introdução da tecnologia___________________________

g) Acordos de acompanhamento efectuados___________________________

Capítulo 12: CAMPANHA

Sai Dinesh T.

A campanha é um plano bem organizado para conseguir a adoção generalizada de uma determinada prática. Trata-se de um esforço de ensino concertado durante um determinado período de tempo. As pessoas são repetidamente motivadas a adotar uma solução para um problema.

Dicas para uma campanha bem sucedida

    (1) Dê uma solução adequada aos problemas reconhecidos pelas pessoas.

    (2) Lidar com um problema que afecta um grande número de pessoas.

    (3) Ofereça uma solução que as pessoas possam e queiram aceitar.

    (4) Dê ênfase a uma ideia de cada vez.

(a) Procedimento de Planeamento (participação da população local no planeamento)

    (1) Analise a situação.

    (2) Seleccione a prática a promover.

    (3) Defina objectivos.

    (4) Planeie a avaliação.

    (5) Decida como envolver as pessoas.

    (6) Prepare o calendário de eventos.

    (7) Providencie o equipamento e o material.

(b) Condução:

    (1) Faça publicidade.

    (2) Realize reuniões.

    (3) Faça visitas às explorações agrícolas e aos domicílios.

    (4) Lance a sua campanha.

    (5) Dê oportunidade aos indivíduos de praticarem a competência.

    (6) Demonstre a prática recomendada através de exposições, concursos, slogans, sinais, cartazes, jornais de parede, rádio e televisão.

(c) Acabar com a campanha de forma dramática :

    (1) Estabeleça uma data definitiva para o fim da campanha. (2) Dê destaque ao último dia para que as pessoas possam partilhar a satisfação de completar o

projeto. (3) Convide todas as pessoas que participaram na campanha a virem regozijar-se com o seu êxito. (4) Convide pessoas importantes. (5) Reconheça os líderes comunitários pelo seu trabalho. (6) Comunique os resultados à população.

(d) Avaliação: (1) Contar as pessoas que participaram. (2) Medir as mudanças esperadas nos conhecimentos, nas competências, nas atitudes ou na adoção após a campanha. (3) Que evidências podem ser observadas em relação às mudanças. (4) Quem está a adotar as práticas recomendadas após a campanha? No entanto, a avaliação é um processo contínuo, mas a avaliação final é necessária para fornecer linhas de orientação adequadas para programas futuros.

Atribuição aos alunos:

(1) Organize uma campanha nas aldeias que lhe foram atribuídas, seguindo o procedimento acima descrito e

(2) Registe as seguintes informações após a realização da campanha.

- O que é um problema? _______________________
- Solução sugerida _______________________
- Especialista participou _______________________
- Promoção da prática _______________________
- Data, hora e local _______________________
- Número de pessoas que participaram _______________________
- Resultados da campanha _______________________

Pontos a ter em conta na realização da campanha

- a) Faça publicidade.
- b) Realize reuniões.
- c) Faça visitas às explorações agrícolas e aos domicílios.
- d) Lance a sua campanha.
- e) Dê oportunidade aos indivíduos de praticarem a competência.
- f) Demonstre a prática recomendada através de exposições, concursos, slogans, sinais, cartazes, jornais de parede, rádio e televisão.

Pontos a ter em conta ao terminar a campanha

a) Estabeleça uma hora certa para terminar a campanha.

b) Destaque o último dia para que as pessoas possam partilhar a satisfação de completar o projeto.

c) Convide todas as pessoas que participaram na campanha a virem regozijar-se com o seu êxito.

d) Convide pessoas importantes.

e) Reconheça os líderes comunitários pelo seu trabalho.

f) Comunique os resultados aos cidadãos.

Vantagens

1. É possível chegar a um grande número de pessoas

2. Obtém resultados rápidos a um custo mais baixo.

3. Prevê a participação da comunidade para o veio comum

4. Útil para certas práticas que só podem ser adoptadas se toda a comunidade concordar em adoptá-las

LIMITAÇÃO

1. A cooperação de todos os participantes é essencial para o seu sucesso, que não é fácil de obter

2. Só podem ser abordados temas simples e adequados.

3. Não podem ser adoptadas técnicas complicadas.

4. Requer uma preparação adequada, a associação de organismos técnicos, técnicas de publicidade, etc.

Capítulo 13: Formação do agricultor

Kaninika V

A formação dos agricultores é uma atividade educativa intensiva centrada no desenvolvimento de competências manuais ou de gestão seleccionadas, com base numa compreensão adequada dos antecedentes e facilitando a preparação e aplicação sistemáticas de novas tecnologias.

Como resultado destas acções de formação, os agricultores:

- *Aumentar os seus rendimentos:* Aprender a utilizar corretamente os factores de produção pode melhorar drasticamente a produtividade de um agricultor ao longo da estação.

- *Desenvolver as suas competências em matéria de gestão agrícola:* Através da formação, os agricultores aprendem a gerir melhor os aspectos comerciais e agrícolas das suas explorações.

- *Obtenha mais rendimentos:* Com aumentos significativos de rendimento, os agricultores podem ganhar mais na colheita e pagar os seus empréstimos na totalidade sem afetar o fluxo de caixa do seu agregado familiar.

- *Melhore a economia local:* À medida que as suas explorações agrícolas crescem, também criam mais procura de produtos como fertilizantes, pesticidas e sistemas de irrigação, melhorando toda a economia agrícola.

A formação dos agricultores é efectuada através dos FTC, KVK e SAU. Com a participação ativa do pessoal de extensão e dos cientistas.

A formação centra-se, em geral, nos seguintes domínios

- Avaliação das necessidades e competências dos agricultores.

- Distinguir as diferentes dimensões da formação.

- Utilização das TI para melhorar a qualidade e acelerar a transferência e o intercâmbio de informações.

- Organização de programas de formação sobre tecnologias sustentáveis e baseadas em sistemas.

- Organização de acções de formação para melhorar as competências, os conhecimentos, etc., dos agricultores.

Objetivo:

- Aproveitar o interesse dos agricultores para os levar à ação.

- Permitir que os agricultores aprendam sem pressa a nova tecnologia, os seus antecedentes, a sua aplicação e as suas consequências.

- Permitir que os agricultores aprendam e pratiquem a tecnologia em condições comparáveis ou estimuladas.

- Utilizar a dinâmica de grupo para reforçar a aprendizagem e facilitar a aprendizagem horizontal.

- Utilizar os agricultores progressistas e os facilitadores no futuro trabalho de extensão.

Procedimento (a formação é composta por três fases)

(a) Pré-formação:

- Compreenda a situação.

- Delineie a tarefa das pessoas que a executam, ou seja, o grupo de tarefas.

- Esforços para motivar os agricultores e dar mais publicidade.

- O processo de pré-treino começa com a compreensão da situação, que exige um comportamento mais eficaz.

- O aspeto fundamental do processo é a análise da situação e do posto de trabalho em que se pretende obter um melhor desempenho.

- A pré-formação começa com a descrição do trabalho a ser alterado por ela.

- Não basta conhecer os requisitos técnicos do posto de trabalho, é também necessário conhecer a descrição operacional do posto de trabalho para que o programa de formação possa ser concebido de modo a satisfazer esses requisitos.

(b) Formação:

- Coloque-o de uma forma mais convincente para os agricultores.

- Incorporar demonstrações para melhorar as competências dos agricultores.

- Os formadores devem visualizar as situações reais de trabalho dos agricultores e adaptá-las

  em conformidade.

- Dê aos participantes a oportunidade de esclarecerem as suas dúvidas sobre o assunto.

- A formação deve ser ministrada de forma atempada e em função das necessidades.

- O conteúdo deve ser especificado.

- A duração deve ser breve. Deve ter um carácter prático.

- A utilização de recursos visuais e audiovisuais é fundamental.

- No programa de formação, o agricultor é exposto a um novo tema, a novas pessoas, a uma nova atmosfera e o participante sente-se desconfortável durante algum tempo; mais tarde, quando o tema que seria útil e estimulante é ensinado, o participante concentra a sua atenção no tema do seu interesse e alinha-se com os outros participantes.

- Finalmente, depois de ter ultrapassado todos os obstáculos na fase inicial do programa de formação, o participante explora na situação de formação o que mais lhe interessa. Depois de explorar, se achar que é útil, volta a experimentar e verifica a sua eficácia e satisfação. Terá de efetuar várias tentativas repetidamente.

- Se estiver satisfeito com os resultados, decide incorporá-los no seu campo, mas se achar que não são úteis, descarta-os e tenta outra variante, podendo, em alguns casos, interromper a sua aprendizagem.

(c) Pós-formação:

- Avalie a eficácia da formação.

- Garantir condições para um melhor desempenho dos participantes nos seus domínios.

- Aqui a situação muda, o participante regressa ao seu campo, encontra outros agricultores, membros da família, etc. Vai preparado com alguma expetativa; pois esteve longe deles durante algum tempo e também regressou aprendendo algumas ideias novas. Vai preparado com alguma expetativa, pois esteve longe deles durante algum tempo e também voltou com novas ideias.
- As competências recém-aprendidas sofrem modificações para se adaptarem à situação no terreno.

- Planeie acções de acompanhamento.

- Determine se a instrução dada ao agricultor foi benéfica para ele.

- A opinião do agricultor sobre as competências que aprendeu durante a sessão de formação deve ser tida em consideração.

Tarefa para os estudantes: (1) Siga o procedimento acima descrito na condução do programa de formação de agricultores. (2) Conduza os programas de formação de agricultores nas aldeias que lhe foram atribuídas, envolvendo os cientistas de diferentes áreas temáticas da universidade. (3) Registe as seguintes informações após a realização do programa de formação de agricultores.

a. Subject _______________________

b. Data, local e hora _______________________

c. Nome dos cientistas que participaram _______________________

d. Número de pessoas que participaram _______________________

e. Perguntas feitas pelos agricultores _______________________

f. Respostas às perguntas dos cientistas _______________________

g. Material didático utilizado _______________________

h. Feedback dos cientistas _______________________

i. Opinião dos agricultores (feedback) _______________________

Capítulo 14 : Exposição

Shreyas H. V. e Vashista K.

Uma exposição é uma exibição sistemática de modelos, gráficos, fotografias, mapas, espécimes ou quaisquer outros materiais num local e tempo pré-determinados. Uma exposição, no sentido mais geral, é uma apresentação e exibição organizada de uma seleção de itens. Na prática, as exposições ocorrem normalmente num contexto cultural ou educativo, como um museu, uma galeria de arte, um parque, uma biblioteca, uma sala de exposições ou feiras mundiais.

As exposições podem incluir muitas coisas, como arte, tanto em grandes museus como em galerias mais pequenas, exposições interpretativas, museus de história natural e museus de história, e outras variedades, como exposições e feiras comerciais mais direccionadas para o comércio. Podem também promover o envolvimento da comunidade, o diálogo e a educação, proporcionando aos visitantes oportunidades para explorar diversas perspectivas, contextos históricos e questões contemporâneas. Além disso, as exposições contribuem frequentemente para a promoção de artistas, inovadores e indústrias, actuando como um canal para a troca de ideias e a celebração da criatividade e das realizações humanas.

Embora as exposições sejam eventos comuns, o conceito de exposição é bastante amplo e engloba muitas variáveis. As exposições vão desde um evento extraordinariamente grande, como uma exposição da Feira Mundial, até pequenas mostras individuais de um artista ou uma exposição de apenas um objeto. Muitas vezes, é necessária uma equipa de especialistas para montar e executar uma exposição; estes especialistas variam consoante o tipo de exposição. Por vezes, são os curadores que seleccionam as peças de uma exposição. Por vezes, são necessários escritores e editores para redigir textos, etiquetas e material impresso de acompanhamento, como catálogos e livros. Podem ser necessários arquitectos, designers de exposições, designers gráficos e outros designers para moldar o espaço da exposição e dar forma ao conteúdo editorial. A organização e a realização de exposições também requerem um planeamento, gestão e logística eficazes dos eventos.

História

A exposição ganhou o seu próprio carácter no século XIX, mas antes disso já se tinham realizado várias exposições temporárias, especialmente as mostras regulares de arte, na sua maioria nova, nas grandes cidades. O Salão de Paris da Académie des Beaux-Arts foi a mais famosa destas exposições, com início em 1667 e aberto ao público a partir de 1737. Em meados do século XVIII, este salão e os seus equivalentes noutros países tornaram-se cruciais para desenvolver e manter a reputação dos artistas contemporâneos. Em Londres, a Exposição de verão da Royal Academy realiza-se anualmente desde 1769 e a British Institution organizou exposições temporárias de 1805 a 1867, normalmente duas vezes por ano, uma sobre a nova pintura britânica e outra sobre empréstimos de antigos mestres da Royal Collection e das colecções aristocráticas das casas de campo inglesas.

Em meados do século XIX, muitos dos novos museus nacionais da Europa já se encontravam em funcionamento e realizavam exposições das suas próprias colecções, ou de colecções emprestadas, ou de uma mistura de objectos provenientes de ambas as fontes, o que continua a ser uma mistura típica nos dias de hoje. A "Cronologia das Exposições Temporárias do Museu Britânico" remonta a 1838. A tradição da exposição universal "world Expo" ou "World's Fair" começou com a Grande Exposição de 1851 em Londres; estas exposições realizam-se apenas de dois em dois anos. A Torre Eiffel, em Paris, foi construída para a Exposição Universal (1889) e serviu de arco de entrada. As exposições modernas podem ter como objetivo a preservação, a educação e a demonstração; as primeiras exposições destinavam-se a atrair o interesse e a curiosidade do público. Antes da adoção generalizada da fotografia, a exposição de um único objeto podia atrair grandes multidões. Os visitantes podiam mesmo ser afectados pelo síndroma de Stendhal, sentindo-se tontos ou sobrecarregados pela intensa experiência sensorial de uma exposição. Hoje em dia, continua a existir uma tensão entre a conceção de exposições com fins educativos ou com o objetivo de atrair e entreter um público, como uma atração turística.

Pontos para organizar uma exposição:

a. Os objectivos da exposição devem ser claros e específicos.

b. Decida o tema da exposição com base em situações e problemas.

c. Na medida do possível, devem ser utilizados materiais locais para a exposição.

d. O local, a data e a hora da exposição devem ser anunciados com bastante antecedência.

e. Todos os objectos devem ser etiquetados na língua local.

f. Organize a exposição numa sequência lógica.

g. Utilize materiais tridimensionais.

h. No final da exposição, forneça aos participantes a literatura relevante.

i. Averiguar a opinião dos visitantes da exposição para conhecer a eficácia da exposição.

Atribuição aos alunos

(1) Siga o procedimento acima descrito, planeie e organize uma exposição em cada lote do RAWEP na aldeia principal com base na situação e nos problemas locais e (2) Registe as seguintes informações após a exposição.

a. Data e local de realização da exposição _______________________

b. Número de bancas na exposição _______________________

c. Tipo de barraca exposta _______________________

d. Convidados importantes participaram na exposição

____

e. Número de especialistas que participaram _______________________

f. Número de pessoas visitadas _______________________

g. Opinião dos expositores (feedback) _______________________

h. Opinião dos agricultores (feedback) _______________________________

i. Opinião do professor do campo (feedback)

Capítulo 15: Visita de campo

Nethravathi D

Trata-se de um pequeno grupo de agricultores interessados, liderados pelo extensionista, que visitam as parcelas e os sítios para estudar alguns problemas actuais, diferenças nas práticas de produção locais, etc. Trata-se de um poderoso dispositivo de ensino, que proporciona o âmbito. Observar, analisar e inferir sob a orientação do extensionista, especialista ou agricultores experientes

Objetivo

- Recolher as informações junto dos agricultores
- Informar e convencer o agricultor sobre o planeamento prévio
- Educar os outros agricultores sobre a tecnologia demonstrada
- Para diagnosticar o problema técnico

Procedimento

- Se for para identificar um problema no terreno, a visita ao terreno pode ser previamente planeada
- Trata-se de observar a diferença entre os agricultores que podem obter um elemento de surpresa e imparcialidade através de uma visita sem planeamento prévio
- É para estudar o impacto das novas tecnologias que é útil um trabalho preparatório adequado.

Capítulo 16 : Dia de Campo

Monisha S

O dia de campo é uma oportunidade educativa, planeada e organizada para envolver agricultores interessados, líderes agrícolas e representantes de organizações. A atenção centra-se na nova tecnologia recomendada para realçar o seu impacto, bem como para facilitar uma troca de pontos de vista e opiniões entre os participantes, levando à formação de atitudes e opiniões firmes relativamente à adoção da nova tecnologia.

Dia de campo realizado no ICAR-KVK IIHR (Instituto Indiano de Investigação em Horticultura)

De acordo com Heiniger et al. "As demonstrações ou outras actividades práticas proporcionam aos agricultores e a outros profissionais da agricultura a oportunidade de experimentar computadores de campo.

OBJECTIVO

1. **Observar a nova tecnologia na sua aplicação e avaliar a sua adequação e benefícios.** Os agricultores terão conhecimento da nova tecnologia através da observação do dia de campo, que mostrará a nova tecnologia ou as novas variedades lançadas por uma determinada universidade e ficarão a conhecer os benefícios da

nova tecnologia e os seus valores.

2. **Facilitar o debate entre os participantes do grupo, resultando em opiniões firmes sobre a tecnologia recomendada.** Significa que o dia de campo será capaz de facilitar o debate entre as pessoas de um grupo sobre a tecnologia, para que possam trocar os seus conhecimentos entre si num grupo de participantes.

3. **Criar uma atmosfera favorável para uma rápida difusão da tecnologia.** A difusão da tecnologia é o processo que vai desde o aparecimento de uma nova tecnologia até à sua compreensão pelos agricultores e também a difusão (propagação) da nova tecnologia será mais rápida. Assim, para a rápida difusão da tecnologia, criará uma atmosfera favorável para os agricultores.

4. **Para formar líderes de opinião e facilitadores.** Significa que o dia de campo ajudará a formar líderes de opinião e também os facilitadores.

PROCEDIMENTO

Um dia de campo é normalmente organizado em torno de uma demonstração de resultados.

PLANEAMENTO:

1. Seleccione uma demonstração de resultados impressionante e marque o dia de campo numa fase adequada: É necessário selecionar a parcela que será mais impressionante para os agricultores e a data do dia de campo numa fase adequada.

2. Seleccione os participantes do dia de campo, incluindo os agricultores, os líderes das explorações agrícolas, as organizações e os especialistas em extensão e informe-os antecipadamente: a seleção dos participantes no dia de campo inclui os agricultores, os líderes das explorações agrícolas, os especialistas das organizações e os especialistas em extensão e, antes da realização do dia de campo, deve ser enviada informação aos participantes.

3. Decida e planeie os eventos do dia: Quaisquer que sejam os eventos a realizar, planeie e execute-os de forma sistemática, planeando-os adequadamente.

4. Providencie as faixas, os cartazes, a literatura de apoio e os materiais didácticos necessários: deve providenciar as faixas relacionadas com o evento e os cartazes, bem como a literatura de apoio e os materiais didácticos, antes do início do programa.

5. O demonstrador-agricultor em causa deve ser informado e orientado para a realização da atividade: como se diz no título acima, o demonstrador deve ser informado e orientado para a realização do programa.

6. Assegure o apoio local para o dia de campo: O demonstrador deve assegurar-se de que o apoio local não é mais do que o apoio dos agricultores para realizar o dia de campo no terreno dos agricultores.

CONDUÇÃO:

1. Comece a atividade a tempo: O programa deve começar a tempo. Não faça os agricultores esperar mais tempo, eles perderão o interesse se a atividade não começar a tempo.

2. Os objectivos da demonstração devem ser explicados pelo extensionista: certifique-se de que os objectivos da demonstração devem ser explicados pelo extensionista.

3. O demonstrador-agricultor deve explicar o procedimento seguido na demonstração passo a passo: O demonstrador deve explicar o procedimento passo a passo aos agricultores para que estes o compreendam facilmente.

4. Os participantes em pequenos grupos devem ser levados à volta do terreno de demonstração: Todos os participantes que estão presentes na atividade devem ser levados à volta do terreno de demonstração.

5. Se possível, organize a colheita de amostras: Sim! Se possível, organize a colheita de amostras para que seja uma forma eficaz de os fazer acreditar na nova prática.

6. Organize uma discussão sistemática sobre todos os aspectos relevantes, incluindo os económicos, com o agricultor demonstrador e os especialistas em extensão: se organizarem a discussão com os agricultores, será fácil para eles esclarecerem as suas dúvidas.

7. As principais conclusões devem ser resumidas para que todos as conheçam: Sim! Após a realização da atividade, as principais conclusões sobre a atividade realizada devem ser apresentadas para facilitar a compreensão dos agricultores.

Os agricultores estão nas parcelas onde o dia de campo foi realizado e ouvem o demonstrador.

ACOMPANHE:

1. Identificar os agricultores interessados na nova tecnologia para efeitos de acompanhamento: identificar os agricultores que

> estão todos interessados, no grupo, em implementar a tecnologia no seu próprio domínio.

2. Incentive o agricultor-demonstrador e outros a ajudar outros agricultores interessados:

> Também é necessário encorajar os outros agricultores.

3. Inicie um trabalho educativo suplementar utilizando as provas obtidas. No entanto, registe as seguintes informações: no final, o registo das informações deve ser feito para uso futuro. Os agricultores estão a ouvir a conclusão dada pelo Demonstrador.

No entanto, registe as seguintes informações.

a. Nome da tecnologia ___________________________

b. Nome do campo do agricultor ___________________________

c. Data, local e hora ___________________________

d. Participaram convidados importantes ___________________________

e. Número de pessoas que participaram ___________________________

f. Opinião dos agricultores participantes ___________________________

g. Opinião sobre as missões participadas ___________________________

Capítulo 17 : Trabalho comunitário

Chethan R.

O trabalho comunitário é uma atividade intensiva que envolve as pessoas de uma comunidade com um objetivo comum de desenvolvimento global. O trabalho comunitário, muitas vezes negligenciado mas fundamentalmente significativo, desempenha um papel fundamental na formação do tecido social. Através de esforços colectivos e valores partilhados, o trabalho comunitário promove a resiliência, a coesão social e a capacitação dos indivíduos. Este ensaio explora os benefícios multifacetados do trabalho comunitário, o seu impacto nos indivíduos e nas comunidades e a necessidade imperativa de reconhecer e apoiar tais esforços.

1. Promover a coesão social:

O trabalho comunitário aproxima as pessoas, ultrapassando as barreiras sociais, culturais e económicas. Ao participarem em iniciativas e projectos conjuntos, os indivíduos desenvolvem um sentimento de pertença e solidariedade no seio da sua comunidade. Esta coesão reforça os laços sociais, aumenta a confiança e promove a inclusão, criando, em última análise, uma sociedade mais coesa e resiliente.

2. Capacitar os indivíduos:

Através do trabalho comunitário, as pessoas têm a oportunidade de desenvolver competências de liderança, ganhar confiança e contribuir de forma significativa para as suas comunidades. O voluntariado e a participação em projectos comunitários proporcionam uma plataforma para o crescimento pessoal, permitindo que os indivíduos descubram os seus pontos fortes, talentos e paixões, ao mesmo tempo que causam um impacto positivo na vida dos outros.

3. Responder às necessidades locais:

As comunidades estão numa posição privilegiada para compreender e responder às suas próprias necessidades. O trabalho comunitário permite que as iniciativas de base identifiquem os desafios locais, como a pobreza, os sem-abrigo, a degradação ambiental e o acesso à educação e aos cuidados de saúde, e desenvolvam soluções adaptadas. Através da mobilização de recursos e da ação colectiva, as comunidades podem efetuar mudanças tangíveis e melhorar a qualidade de vida de todos os seus membros.

4. **Promover o empenhamento cívico:** O envolvimento no trabalho comunitário cultiva um sentido de responsabilidade cívica e de cidadania ativa. Ao participarem nos processos de tomada de decisão da comunidade, ao fazerem voluntariado em organizações locais e ao defenderem causas sociais, os indivíduos tornam-se mais empenhados no bem-estar das suas comunidades e na democracia em geral. Este maior envolvimento cívico promove uma cultura de responsabilidade e governação participativa.

5. **Construir a resiliência:**

Em tempos de crise ou adversidade, redes comunitárias fortes fornecem sistemas de apoio vitais. O trabalho comunitário facilita o estabelecimento de redes resilientes que podem mobilizar recursos, prestar assistência e oferecer apoio emocional aos necessitados. Quer seja para responder a catástrofes naturais, recessões económicas ou emergências de saúde pública, as comunidades equipadas com ligações sociais sólidas estão melhor preparadas para enfrentar os desafios e recuperar eficazmente.

Vantagens do trabalho comunitário

O trabalho comunitário oferece uma série de vantagens, nomeadamente

1. **Coesão social:** Promove um sentimento de pertença e unidade entre os membros da comunidade, reforçando os laços sociais e promovendo a inclusão.

2. **Capacitação:** O trabalho comunitário oferece oportunidades para que os indivíduos desenvolvam competências de liderança, ganhem confiança e façam contribuições significativas para as suas comunidades, capacitando-os para criar mudanças positivas.

3. **Atender às necessidades locais:** Permite que as comunidades identifiquem e resolvam os seus próprios desafios, como a pobreza, os sem-abrigo e as questões ambientais, através de soluções adaptadas às realidades locais.

4. **Mobilização de recursos:** O trabalho comunitário mobiliza os recursos locais, incluindo o capital humano, as competências e os conhecimentos, para resolver os problemas de forma eficaz e eficiente, maximizando o impacto dos recursos

disponíveis.

5. Envolvimento cívico: Promove a cidadania ativa e a responsabilidade cívica, envolvendo os indivíduos nos processos de tomada de decisão da comunidade, no voluntariado e na defesa de causas, reforçando assim a democracia e a governação ao nível das bases.

6. Desenvolvimento de competências: O trabalho comunitário oferece oportunidades para os indivíduos adquirirem novas competências, tanto técnicas como interpessoais, através da experiência prática e da colaboração com diversas partes interessadas.

7. Saúde e bem-estar: O envolvimento em trabalho comunitário pode ter efeitos positivos no bem-estar mental e emocional, proporcionando um sentido de objetivo, ligação e realização decorrente de fazer a diferença na vida dos outros.

8. Enriquecimento cultural: Celebra a diversidade e o património cultural das comunidades, promovendo a compreensão, a apreciação e o respeito pelas diferentes tradições, costumes e perspectivas.

9. Desenvolvimento económico: O trabalho comunitário contribui para o desenvolvimento económico local, criando oportunidades de emprego, apoiando as pequenas empresas e melhorando a qualidade de vida em geral, o que atrai investimentos e promove a prosperidade.

10. Resiliência: Redes comunitárias fortes construídas através do trabalho comunitário proporcionam uma rede de segurança em tempos de crise ou adversidade, permitindo que as comunidades respondam eficazmente e recuperem rapidamente de desafios como catástrofes naturais, recessões económicas e emergências de saúde pública.

Exemplos de trabalho comunitário:

(1) Plantação de árvores

(2) Construção / reparação de estradas

(3) Saneamento das aldeias com especial incidência no partenium e nos plásticos.

(4) Desassoreamento do tanque/lagoa

(5) Educar as crianças das escolas para a agricultura

Passos a seguir durante a realização do trabalho comunitário:

(1) Conduza uma reunião de grupo para identificar o tópico/necessidade.

(2) Identifique os líderes locais que estão interessados no trabalho comunitário.

(3) Dê ampla publicidade ao programa para envolver o maior número possível de pessoas.

(4) Mobilize os recursos necessários para o trabalho comunitário.

(5) Defina as responsabilidades dos indivíduos para concluir o trabalho a tempo.

(6) Inicie o programa a tempo na data prevista, conforme publicado anteriormente.

O trabalho comunitário incorpora a essência da ação colectiva e da solidariedade, impulsionando mudanças positivas a nível das bases e não só. Ao fomentar a coesão social, capacitar os indivíduos, responder às necessidades locais, promover a participação cívica e criar resiliência, o trabalho comunitário contribui para a criação de sociedades mais fortes e vibrantes. Reconhecer o papel inestimável do trabalho comunitário e apoiar iniciativas que capacitam e elevam as comunidades são passos essenciais para a construção de um mundo mais equitativo e inclusivo

Trabalho comunitário efectuado pelos estudantes da RAWEP

Trabalho comunitário efectuado pelos estudantes da RAWEP

Capítulo 18: Seleção dos métodos de ensino

SYEDA IFTHAQUAR BANU

O método de partilha desta informação com as partes interessadas depende de um processo de ciências sociais. O papel principal dos profissionais da extensão neste processo é o de educar as partes interessadas do sector leiteiro. Por isso, é da sua responsabilidade proporcionar melhores situações de aprendizagem para que os alunos possam aprender efetivamente. Nenhuma técnica isolada é adequada a todas as situações. Por conseguinte, pode ser utilizada uma combinação de métodos de ensino adequados para fazer o que é necessário, alguns dos quais são discutidos a seguir:

1. Métodos para chamar a atenção

Para proporcionar experiências de aprendizagem às pessoas, os profissionais da extensão têm de captar a atenção dos seus clientes. Esta é a fase fundamental para conseguir que as ideias entrem na mente das pessoas, e requer a utilização planeada e frequente de uma variedade de métodos de ensino, nomeadamente, imagens, demonstrações, notícias, histórias de sucesso, resultados de inquéritos, slogans, cartazes, palestras na rádio, desenhos animados, exposições, mostras, etc.

2. Métodos para desenvolver o interesse

A quantidade e a direção das realizações de desenvolvimento do ensino de extensão são largamente determinadas pelos interesses das pessoas. A aprendizagem sem interesse não se realiza de forma apreciável. As pessoas interessadas em resolver problemas de desenvolvimento adquirem mais informações sobre eles. O interesse representa geralmente os objectivos ou metas de um indivíduo. O desenvolvimento significa relativamente pouco para as pessoas até que elas sejam capazes de o relacionar com os seus interesses.

O fator interesse tende a controlar a influência da educação para a extensão, porque só as pessoas interessadas participarão nas actividades de desenvolvimento.

Os métodos que são úteis para desenvolver o interesse das pessoas são: reuniões, palestras na rádio, publicações, excursões, demonstrações de resultados, fotografias, gráficos, etc.

3. Métodos para desenvolver a confiança

O desenvolvimento e a manutenção da confiança devem ser paralelos a todas as outras mudanças nas atitudes e no comportamento das pessoas. A confiança é a chave para a obtenção de resultados da educação para a extensão, porque a ação das pessoas é voluntária. A confiança do cliente corresponde à boa vontade dos profissionais da extensão. Uma vez quebrada, a confiança é difícil de restaurar, quer em si próprio, quer na comunidade como um todo. É, portanto, necessário que os profissionais da extensão salvaguardem o fator confiança em todas as etapas do ensino. Num ensino de extensão ideal, a confiança deve crescer em intensidade, à medida que o desejo é criado e seguido de ação e satisfação. Os métodos que são úteis para desenvolver e manter a confiança são: recomendações económicas e práticas, práticas de desenvolvimento facilmente adoptáveis, demonstrações amplamente vistas e visitas pessoais.

4. Métodos para criar o desejo

O desejo tem um foco definido, ao contrário das atitudes e dos interesses que são gerais, e é específico dos objectos a que está ligado. O desejo surge apenas quando uma ideia ou uma intervenção de desenvolvimento, sugerida pelos profissionais da extensão, é considerada favorável pelas pessoas. É de notar que o desejo é uma consequência do interesse e da confiança.

Para criar o desejo, é necessário apelar aos sentimentos e às emoções das pessoas para apoiar o interesse que elas já têm. Um desejo é um querer, e para que esse querer seja sentido e para satisfazer o querer, devem ser utilizados os métodos de ensino correctos para estimular sentimentos e emoções, nomeadamente exposições, demonstrações, imagens, modelos de trabalho. Por exemplo: aparelhos solares de aquecimento de água, circulares sugerindo os benefícios, fotografias do "antes" e do "depois" que demonstrem o desenvolvimento, e resultados reais do desenvolvimento apresentados de todas as formas possíveis.

5. Métodos para garantir a ação

A ação segue o desejo. Se a ação não se seguir logo após a criação do desejo, este rapidamente se desvanece e as pessoas continuam como antes. Por conseguinte, é necessário planear e utilizar uma variedade de métodos de ensino de extensão para assegurar uma ação que resulte em desenvolvimento. Os métodos úteis para promover a ação são: usar lembretes; assegurar a participação dos líderes no trabalho de desenvolvimento; ação cooperativa; histórias de sucesso e palestras na rádio sobre e por pessoas que agem.

6. Métodos para manter a satisfação

A satisfação depende da confiança, do orgulho e do sucesso resultantes da adoção de iniciativas de desenvolvimento. Depois de uma prática de desenvolvimento ter sido adoptada pelas pessoas, é importante manter o contacto com elas até que sintam uma verdadeira satisfação e continuem com a prática. A continuação da prática e a recomendação a outros é uma indicação de satisfação. Os métodos que são úteis para manter a satisfação são: contacto pessoal, sempre que possível; dicas oportunas; mostrar o valor dos resultados; dar mais informações; e publicidade nos meios de comunicação social.

Factores de seleção dos métodos de ensino da extensão

Não existe uma única "regra de ouro" para a seleção e utilização dos vários métodos de extensão que garanta o sucesso em todas as situações. Por um lado, os métodos de contacto individual proporcionam as oportunidades mais directas para influenciar eficazmente as pessoas; por outro lado, todos os outros métodos de procedimentos de grupo e de massa são diluições ou compromissos criados pela pressão da necessidade. Temos de chegar a mais pessoas, ensiná-las com mais frequência e manter baixo o custo por contacto. Para obter resultados mais eficazes, os profissionais da extensão devem: selecionar os métodos apropriados; ter uma combinação adequada dos métodos seleccionados e; utilizá-los na sequência correcta, de modo a que sejam repetidos de várias formas. Para isso, devem ser considerados vários factores, tais como

1 Público

Com base no princípio da *condição sine qua non,* é imperativo que os formadores estejam conscientes do tipo de público com que vão interagir. Além disso, a dimensão da audiência, juntamente com o nível das suas habilitações literárias, também contribui significativamente como fator que influencia a escolha dos métodos de ensino da extensão. Por exemplo, a discussão em grupo não pode ser utilizada eficazmente quando o número de participantes é superior a trinta; a demonstração de métodos pode ser utilizada para uma audiência relativamente pequena, enquanto as reuniões de palestras podem ser utilizadas para grandes audiências.

2 Objetivo de ensino

Antes de iniciar o processo de seleção para identificar os métodos adequados, os objectivos de todo o processo devem ser muito claros, tanto para o formador como para os formandos. A este respeito, é necessário responder a algumas questões específicas: quer pensar numa mudança de pensamento ou de conhecimentos, de atitudes ou de sentimentos, de acções ou de competências? Se quiser apenas informar ou influenciar ligeiramente um grande número de pessoas, deve utilizar os meios de comunicação social. Se quiser influenciar um número relativamente pequeno de pessoas para obter o máximo de melhorias, recorra aos métodos de contacto individual. Se quiser mudar de atitude ou chegar a um consenso de opinião, organize discussões em grupo ou trabalhe através dos líderes da aldeia. Se quiser ensinar uma competência, utilize o método da demonstração.

3 Assunto

Quando a nova prática é simples ou familiar (ou seja, semelhante às que já estão a ser seguidas), o artigo de jornal, a rádio ou a carta circular serão eficazes, ao passo que as práticas complexas ou desconhecidas exigirão contactos presenciais, materiais escritos e meios audiovisuais.

4 Fase de desenvolvimento da organização da extensão

Nas fases iniciais da extensão, as demonstrações de resultados serão necessárias para ganhar a confiança dos agricultores. Mas se o trabalho de extensão já estiver bem estabelecido e os agricultores tiverem confiança nos serviços de extensão, as demonstrações de resultados podem não ser necessárias e as ilustrações locais de adoção pelos líderes da aldeia serão suficientes,

5 Disponibilidade de meios de comunicação

A disponibilidade de certos meios de comunicação (jornais, telefones, rádio, etc.) terá também uma influência direta sobre o grau de utilização destes métodos.

6 Custo relativo do método

O custo relativo do método (ou seja, o montante gasto no ensino de extensão em relação à extensão das práticas alteradas) é também uma consideração importante na sua seleção e utilização.

7 Profissionais da extensão - familiaridade com os métodos de extensão

A familiaridade e a competência do profissional de extensão na utilização de vários métodos de extensão também influenciarão a sua escolha e utilização dos métodos.

Considerações sobre a seleção de métodos de ensino de extensão

As orientações que se seguem são úteis para a seleção de métodos de ensino de extensão adequados:

1 Nível educacional do público

- Para os analfabetos - Visitas pessoais.

- Para educados - Materiais escritos.

2 Dimensão do público

- Para menos de 30 - Palestra, discussão em grupo.
- Para mais de 30 - Métodos de massa.

3 Objetivo de ensino

- Sensibilizar - Métodos de massas.
- Para mudar de atitude - Discussão em grupo.
- Transmitir competências - Demonstração.

4 Assunto

- Para provar o valor de uma prática recomendada - Demonstração de resultados.
- Ensinar uma nova competência ou uma competência antiga de uma forma melhorada Método de demonstração.
- Difundir uma tecnologia simples - Artigo de atualidade.
- Para ensinar uma tecnologia complexa -Contacto presencial com recursos audiovisuais.

5 A credibilidade da organização de extensão

- Organização nova, ainda não ganhou a confiança das pessoas Demonstração de resultados.
- Organização bem estabelecida com sucesso comprovado - Carta circular.

6 Dimensão do pessoal de extensão

- Poucos membros do pessoal - Métodos de contacto em grupo e em massa.
- Grande número de funcionários - Métodos de contacto individuais.

7 Disponibilidade dos meios de comunicação

- Para a sensibilização e reforço de ideias - Televisão, rádio, jornais.

8 Momento da divulgação

- Emergência para um indivíduo - Chamada telefónica.
- Emergência para um grupo de pessoas ou um grande número de pessoas - Rádio, televisão, sistema de som.

O custo relativo, a familiaridade dos profissionais da extensão com os métodos de ensino, as necessidades da população, o período de tempo durante o qual o programa de extensão está a decorrer na área, a disponibilidade de instalações físicas e as condições climatéricas são alguns dos factores importantes a considerar ao selecionar os métodos de ensino da extensão. Neste ponto, vale a pena mencionar que, para além de todos os métodos de ensino acima mencionados para categorias específicas, há certos métodos que podem ser aplicados universalmente, independentemente de qualquer outra caraterística/fator distintivo, nomeadamente a rádio, a televisão, os filmes, etc.

Capítulo 19: Papel do especialista na matéria na RAWEP

Vikash Kumar

- No programa RAWE (Rural Agricultural Work Experience - Experiência de Trabalho Agrícola Rural), um especialista na matéria desempenha um papel crucial no fornecimento de conhecimentos e orientação aos estudantes em várias actividades agrícolas. São eles

- **Ofereça conhecimentos especializados**: Os especialistas na matéria possuem conhecimentos especializados em áreas específicas como a agronomia, a horticultura, a criação de animais ou a engenharia agrícola, a patologia, a entomologia, a ciência das sementes, etc., com os quais os estudantes podem aprender e aplicar em situações reais.

- **Supervisionar e orientar**: Supervisionam o trabalho prático dos alunos, fornecendo orientação, feedback e orientação para garantir que as tarefas sejam concluídas de forma eficaz e segura.

- **Facilite a aprendizagem**: Os especialistas na matéria concebem actividades de aprendizagem,
demonstrações e workshops para melhorar a compreensão e as competências dos estudantes em matéria de práticas agrícolas.

- **Resolução de problemas:** Ajudam os alunos a resolver os desafios encontrados durante o trabalho prático, promovendo o pensamento crítico e a capacidade de resolução de problemas.

Colaboração: Os especialistas na matéria colaboram frequentemente com outras partes interessadas, como agricultores, agentes de extensão e investigadores, para proporcionar aos estudantes experiências de aprendizagem diversificadas e exposição às melhores práticas do sector.

PAPEL DO AGRÓNOMO NA RAWE

No programa RAWE (Rural Agricultural Work Experience - Experiência de Trabalho Agrícola Rural), um agrónomo actua como especialista na matéria, centrando-se na produção e gestão de culturas. O seu papel inclui:

1. Experiência em gestão de culturas: Os agrónomos possuem conhecimentos especializados em técnicas de produção de culturas, incluindo a plantação, o cultivo, a irrigação e a colheita.

2. Supervisão no terreno: Supervisionam as actividades dos estudantes nos campos de cultivo, assegurando a aplicação adequada das práticas agronómicas e o cumprimento dos protocolos de segurança.

3. Gestão dos solos: Os agrónomos fornecem orientações sobre a gestão da fertilidade do solo, o solo

práticas de conservação e estratégias de melhoria da saúde do solo para otimizar a produtividade e a sustentabilidade das culturas.

4. Seleção e rotação das culturas: Aconselham sobre a seleção de culturas com base no tipo de solo, clima

condições, procura do mercado e considerações de rotação para maximizar os rendimentos e minimizar os riscos.

5. Recolha e análise de dados: Os agrónomos podem ajudar os estudantes na recolha de dados no terreno,

monitorizar o desempenho das culturas e analisar os resultados para tomar decisões informadas e fazer recomendações de melhoria.

6. Formação e educação: Os agrónomos realizam workshops, demonstrações e formação

sessões para educar os estudantes sobre os últimos avanços em agronomia e promover as melhores práticas na produção de culturas.

De um modo geral, os agrónomos desempenham um papel crucial no programa RAWE, fornecendo conhecimentos especializados em gestão de culturas, orientando actividades de campo e equipando os estudantes com os conhecimentos e competências necessários para carreiras de sucesso na produção agrícola.

PAPEL DO HORTICULTOR NA RAWE

No programa RAWE (Rural Agricultural Work Experience), um horticultor actua como especialista na área do cultivo, gestão e propagação de frutos,

produtos hortícolas, plantas ornamentais e outras culturas especializadas. O seu papel inclui:

1. Seleção e cultivo de culturas: Os horticultores aconselham os estudantes na seleção de

> As culturas adequadas com base no clima local, nas condições do solo e na procura do mercado. Fornecem orientações sobre as práticas de plantação, rega, fertilização e gestão de pragas específicas das culturas hortícolas.

2. Gestão de viveiros: Supervisionam a produção e a gestão dos viveiros de plantas,

> incluindo técnicas de propagação, cuidados com as mudas e procedimentos de transplante.

3.Gestão de pomares e hortas: Os horticultores fornecem conhecimentos especializados no estabelecimento e manutenção de pomares, vinhas e hortas. Orientam os estudantes em técnicas de poda, formação e colheita para otimizar o rendimento e a qualidade das culturas.

4. Manuseamento e armazenamento pós-colheita: Os horticultores ensinam aos estudantes o correto manuseamento pós-colheita

> técnicas de manuseamento para manter a qualidade das culturas e prolongar o seu prazo de validade. Isto inclui práticas de seleção, classificação, embalagem e armazenamento adaptadas às diferentes culturas hortícolas.

5. Processamento de valor acrescentado: Podem apresentar aos alunos o

processamento de valor acrescentado

técnicas como a produção de sumos, a secagem, a produção de conservas e a preservação para acrescentar valor de mercado aos produtos hortícolas.

De um modo geral, os horticultores desempenham um papel vital no programa RAWE, fornecendo conhecimentos especializados sobre a produção de culturas hortícolas, orientando as actividades de campo e preparando os estudantes para carreiras na fruticultura e horticultura, gestão de viveiros, paisagismo e áreas afins.

PAPEL DO PATOLOGISTA NA RAWE

No programa RAWE (Rural Agricultural Work Experience), um patologista actua como especialista na matéria, concentrando-se no estudo e gestão de doenças das plantas. O seu papel inclui:

1. Diagnóstico de doenças: Os patologistas identificam e diagnosticam as doenças das plantas que afectam as culturas cultivadas no programa RAWE. Utilizam várias técnicas como a inspeção visual, microscopia e ensaios laboratoriais para identificar os agentes patogénicos e determinar as causas das doenças.

2. Estratégias de gestão de doenças: Os patologistas aconselham os estudantes sobre estratégias eficazes de gestão de doenças, incluindo práticas culturais, rotação de culturas, variedades de culturas resistentes e métodos de controlo químico. Dão ênfase a abordagens integradas de gestão de doenças para minimizar a dependência de pesticidas e promover uma agricultura sustentável.

3. Monitorização de doenças: Os patologistas ajudam os estudantes a implementar programas de monitorização de doenças para detetar sinais precoces de surtos de doenças. Ensinam os estudantes a identificar os sintomas da doença, a avaliar a gravidade da doença e a acompanhar a

progressão da doença ao longo do tempo.

4. Investigação e inovação: Os patologistas podem realizar projectos de investigação no âmbito do programa RAWE para explorar novas técnicas de gestão de doenças, avaliar variedades de culturas resistentes a doenças ou estudar a epidemiologia dos agentes patogénicos das plantas. Envolvem os estudantes em actividades de investigação para melhorar a sua compreensão dos princípios e metodologias da patologia vegetal.

5. Extensão e divulgação: Os patologistas colaboram com agentes de extensão, agricultores e outras partes interessadas para divulgar informações sobre doenças das plantas e as suas estratégias de gestão. Podem organizar workshops, dias de campo e eventos educativos para aumentar a sensibilização e reforçar a capacidade de prevenção e controlo de doenças.

Em geral, os patologistas desempenham um papel crucial no programa RAWE, fornecendo conhecimentos especializados em patologia vegetal, orientando os esforços de gestão de doenças e preparando os estudantes para carreiras na proteção de culturas, investigação e serviços de extensão na indústria agrícola

PAPEL DO ENTOMOLOGISTA NA RAWE

No programa RAWE (Rural Agricultural Work Experience), um entomologista trabalha como especialista no estudo e gestão de insectos e outros artrópodes que afectam as culturas. O seu papel inclui:

1. Identificação de pragas: Os entomologistas identificam e classificam as pragas de insectos e os organismos benéficos presentes nos ecossistemas agrícolas. Ensinam os alunos a reconhecer diferentes espécies de insectos e a compreender os seus ciclos de vida, comportamentos e papéis ecológicos.

2. Estratégias de gestão de pragas: Os entomologistas aconselham os estudantes sobre estratégias de gestão integrada de pragas (IPM) para controlar as pragas de insectos, minimizando o impacto ambiental e

reduzindo a dependência de pesticidas químicos. Salientam a utilização de práticas culturais, agentes de controlo biológico, armadilhas para insectos e pesticidas selectivos como parte de uma abordagem holística de gestão de pragas.

3. Monitorização e prospeção: Os entomologistas ajudam os estudantes a estabelecer programas de monitorização para detetar precocemente pragas de insectos e avaliar a sua dinâmica populacional no terreno. Formam os estudantes em técnicas de amostragem de insectos, recolha de dados e interpretação para tomar decisões informadas sobre a gestão de pragas.

4. Resistência da planta hospedeira: Os entomologistas orientam os alunos na seleção e criação de variedades de culturas com resistência ou tolerância a pragas de insectos. Explicam os princípios da resistência das plantas hospedeiras e ajudam os alunos a avaliar as características de resistência e a selecionar materiais vegetais para resistência a pragas.

5. Investigação e inovação: Os entomologistas podem realizar projectos de investigação no âmbito do programa RAWE para investigar a biologia das pragas de insectos, desenvolver novos métodos de controlo ou avaliar a eficácia de insecticidas e agentes de controlo biológico. Envolvem os estudantes em actividades de investigação para fomentar o pensamento crítico e a capacidade de resolução de problemas.

6. Extensão e divulgação: Os entomologistas colaboram com agentes de extensão, agricultores e grupos comunitários para divulgar informações sobre pragas de insectos e as suas estratégias de gestão. Podem organizar workshops, demonstrações de campo e materiais educativos para promover práticas sustentáveis de gestão de pragas.

Em geral, os entomologistas desempenham um papel crucial no programa RAWE, fornecendo conhecimentos especializados na gestão de pragas de insectos, orientando os esforços de monitorização e controlo de pragas e preparando os estudantes para carreiras na proteção de culturas, investigação e serviços de extensão na indústria agrícola.

PAPEL DO CIENTISTA DO SOLO NO PROGRAMA RAWE

No programa RAWE (Rural Agricultural Work Experience - Experiência de Trabalho Agrícola Rural), um cientista do solo actua como especialista na matéria, centrado no estudo e gestão dos recursos do solo. O seu papel inclui:

1. Avaliação do solo: Os cientistas do solo avaliam as propriedades do solo, como a textura, a estrutura, o pH, a fertilidade e o teor de matéria orgânica, para compreender a saúde do solo e a sua adequação à produção agrícola. Ensinam os estudantes a realizar testes de solo e a interpretar os resultados para tomar decisões informadas sobre a seleção de culturas, fertilização e práticas de correção do solo.

2. Práticas de gestão do solo: Os cientistas do solo aconselham os estudantes sobre práticas sustentáveis de gestão do solo para melhorar a sua fertilidade, estrutura e capacidade de retenção de água. Recomendam técnicas de conservação do solo, como a lavoura de contorno, a terraplanagem, a cultura de cobertura e a cobertura morta para evitar a erosão e manter a produtividade do solo.

3. Gestão de nutrientes: Os cientistas do solo orientam os estudantes no desenvolvimento de planos de gestão de nutrientes para otimizar as aplicações de fertilizantes e minimizar as perdas de nutrientes para o ambiente.

4. Explicam os processos de ciclagem de nutrientes, a absorção de nutrientes pelas culturas e as estratégias para equilibrar os níveis de nutrientes no solo de modo a maximizar o rendimento das culturas e minimizar o impacto ambiental.

5. Conservação do solo: Os cientistas do solo promovem práticas de conservação do solo para minimizar a degradação do solo e manter a produtividade do solo a longo prazo. Ensinam aos estudantes a importância das medidas de conservação do solo, como a lavoura de conservação, a rotação de culturas e a agro-silvicultura, para a preservação da qualidade do solo e da biodiversidade.

6. Remediação do solo: Os cientistas do solo podem ajudar os estudantes a resolver problemas de contaminação do solo através de técnicas de correção, como a fitoremediação, a lavagem do solo e a degradação microbiana. Educam os estudantes sobre os riscos associados aos poluentes do solo e sobre as estratégias de atenuação dos impactos ambientais.

7. Investigação e inovação: Os cientistas do solo conduzem projectos de investigação no âmbito do programa RAWE para investigar temas relacionados com o solo, como a fixação do carbono no solo, a microbiologia do solo e as interacções solo-planta. Envolvem os estudantes em actividades de investigação para melhorar a sua compreensão dos princípios e metodologias da ciência do solo.

De um modo geral, os cientistas do solo desempenham um papel fundamental no programa RAWE, fornecendo conhecimentos especializados em avaliação, gestão e conservação do solo, orientando os estudantes em práticas agrícolas sustentáveis e preparando-os para carreiras em ciências do solo, agronomia e gestão ambiental na indústria agrícola.

PAPEL DO MICROBIOLOGISTA NA RAWE

No programa RAWE (Rural Agricultural Work Experience), um microbiologista agrícola desempenha um papel vital na compreensão e utilização de microrganismos para aumentar a produtividade e a sustentabilidade agrícola. O seu papel inclui:

1. Avaliação da saúde do solo: Os microbiologistas agrícolas avaliam as comunidades microbianas do solo para avaliar a saúde e a fertilidade do solo. Analisam a diversidade, abundância e atividade microbiana para compreender o seu papel no ciclo de nutrientes, na formação da estrutura do solo e na supressão de doenças.

2. Gestão da fertilidade do solo: Os microbiologistas aconselham os estudantes sobre as práticas de gestão do solo que promovem a atividade

microbiana benéfica, como a adição de matéria orgânica, as culturas de cobertura e a redução da lavoura. Recomendam estratégias para aumentar as populações microbianas do solo envolvidas na fixação de azoto, solubilização de fósforo e outras transformações de nutrientes.

3. Fixação biológica do azoto: Os microbiologistas agrícolas ensinam os alunos sobre as bactérias simbióticas e não simbióticas fixadoras de azoto que convertem o azoto atmosférico em formas disponíveis para as plantas. Demonstram técnicas de inoculação para culturas de leguminosas e explicam os benefícios da integração de plantas fixadoras de azoto nas rotações de culturas.

4. Biofertilizantes e inoculantes microbianos: Os microbiologistas apresentam aos alunos produtos à base de micróbios, tais como biofertilizantes, chás de composto e inoculantes microbianos que melhoram o crescimento e a saúde das plantas. Explicam como os microrganismos benéficos presentes nestes produtos melhoram a fertilidade do solo, suprimem as doenças das plantas e promovem o desenvolvimento das raízes.

5. Investigação e inovação: Os microbiologistas agrícolas realizam investigação no âmbito do programa RAWE para explorar novas soluções de base microbiana para os desafios agrícolas. Envolvem os estudantes em projectos de investigação centrados na ecologia microbiana, na biotecnologia e no desenvolvimento de produtos microbianos para aplicações agrícolas.

Em geral, os microbiologistas agrícolas desempenham um papel fundamental no programa RAWE, fornecendo conhecimentos especializados no aproveitamento do potencial dos microrganismos para apoiar a agricultura sustentável, orientando os estudantes na adoção de soluções baseadas em micróbios para os desafios da produção agrícola e preparando-os para carreiras na investigação agrícola, extensão e indústria.

PAPEL DO FISIOLOGISTA DAS CULTURAS NA RAWE

No programa RAWE (Rural Agricultural Work Experience), um

fisiologista de culturas actua como especialista na matéria, centrando-se nos processos fisiológicos das plantas cultivadas e nas suas respostas a factores ambientais. O seu papel inclui:

1. Compreender o crescimento e o desenvolvimento das plantas: Os fisiologistas das culturas educam os estudantes sobre os princípios fisiológicos subjacentes ao crescimento, desenvolvimento e formação de rendimento das plantas. Explicam conceitos como a fotossíntese, a respiração, a transpiração e a regulação hormonal das fases de crescimento das plantas.

2. Gestão do stress ambiental: Os fisiologistas ensinam aos estudantes como os factores ambientais, como a temperatura, a luz, a água e os nutrientes, influenciam os processos fisiológicos e a produtividade das plantas. Aconselham estratégias para atenuar os factores de stress e otimizar o desempenho das culturas em condições ambientais variáveis.

3. Adaptação e melhoramento das culturas: Os fisiologistas das culturas discutem as características fisiológicas associadas à adaptação das culturas a diferentes regiões climáticas e condições de crescimento. Apresentam aos estudantes técnicas de melhoramento fisiológico destinadas a desenvolver variedades de culturas com maior tolerância a stresses abióticos como a seca, o calor e a salinidade.

4. Modelação e simulação de culturas: Os fisiologistas podem apresentar aos estudantes ferramentas de modelação de culturas e software de simulação para prever o crescimento, desenvolvimento e rendimento das culturas em diferentes cenários de gestão. Facilitam experiências práticas com técnicas de modelação de culturas para melhorar a compreensão dos estudantes sobre a fisiologia das culturas e as práticas de gestão.

5. Gestão de nutrientes: Os fisiologistas orientam os alunos na compreensão da base fisiológica da absorção, assimilação e utilização de nutrientes pelas culturas. Salientam a importância de uma nutrição equilibrada e de práticas de gestão de nutrientes para apoiar o crescimento, desenvolvimento e rendimento óptimos das culturas.

6. Investigação e inovação: Os fisiologistas das culturas podem realizar projectos de investigação no âmbito da

O programa RAWE investiga as respostas fisiológicas das culturas a stresses ambientais, estratégias de gestão de nutrientes ou técnicas de melhoramento de culturas. Envolvem os estudantes em actividades de investigação para fomentar o pensamento crítico e a capacidade de resolução de problemas em fisiologia das culturas.

Em geral, os fisiologistas das culturas desempenham um papel crucial no programa RAWE, fornecendo conhecimentos especializados em fisiologia das culturas, orientando os estudantes na compreensão da base fisiológica da produção de culturas e preparando-os para carreiras em agronomia, ciência das culturas e investigação agrícola.

PAPEL DO OBTENTOR DE PLANTAS NA RAWE

No programa RAWE (Rural Agricultural Work Experience - Experiência de Trabalho Agrícola Rural), um especialista em genética e melhoramento de plantas actua como especialista na melhoria de variedades de culturas através de manipulação genética e técnicas de melhoramento. O seu papel inclui:

1. Seleção de variedades e objectivos de criação: Os genéticos e os criadores de plantas trabalham com os alunos para identificar os objectivos de criação com base na procura do mercado, nas condições ambientais e nas características agronómicas desejadas, como o potencial de rendimento, a resistência a doenças e as características de qualidade. Ajudam os alunos a selecionar linhas parentais com características complementares para programas de hibridação ou cruzamento.

2. Métodos e técnicas de seleção: Ensinam aos estudantes as técnicas clássicas e moleculares de melhoramento utilizadas para introduzir variação genética e selecionar as características desejadas nas plantas cultivadas. Isto inclui métodos como a seleção por linhagem, a seleção em massa, a hibridação, a

seleção assistida por marcadores e a transformação genética.

3. Avaliação e caraterização de germoplasma: Os genéticos e os criadores de plantas orientam os estudantes na avaliação de colecções de germoplasma e na caraterização da diversidade genética nas espécies de culturas. Apresentam aos estudantes técnicas como o rastreio fenotípico, a análise de marcadores moleculares e a sequenciação genómica para avaliar a variação genética e identificar características valiosas para programas de melhoramento.

4. Introgressão e melhoramento de características: Ajudam os estudantes a introgressar características desejáveis de parentes selvagens ou germoplasma exótico em variedades de culturas de elite através de abordagens tradicionais de reprodução ou biotecnológicas. Explicam a importância da diversidade genética nos programas de melhoramento e os benefícios potenciais da incorporação de novas características para o melhoramento das culturas.

5. Testes e avaliação de variedades: Os criadores de plantas e de genética supervisionam os ensaios de campo e os programas de ensaio de variedades para avaliar o desempenho das linhas de reprodução e das variedades candidatas em diferentes condições ambientais. Ensinam os estudantes a conceber ensaios experimentais, a recolher dados e a analisar resultados para identificar genótipos superiores para serem lançados como novas cultivares.

6. Criação participativa e envolvimento dos agricultores: Podem envolver os estudantes em actividades de reprodução participativa que envolvam a colaboração com agricultores e partes interessadas para incorporar.

7. Os conhecimentos e preferências locais nos programas de melhoramento. Salientam a importância da participação dos agricultores na seleção e adoção de variedades para garantir a relevância e o sucesso das novas variedades de culturas.

8. Investigação e inovação: Os genéticos e os melhoradores de plantas realizam investigação no âmbito do programa RAWE para explorar

estratégias de melhoramento inovadoras, melhorar a eficiência do melhoramento e enfrentar os desafios emergentes no melhoramento das culturas. Envolvem os estudantes em actividades de investigação para desenvolverem competências práticas e contribuírem para os avanços na ciência do melhoramento vegetal.

De um modo geral, os técnicos de genética e de seleção de plantas desempenham um papel crucial no programa RAWE, fornecendo conhecimentos especializados em matéria de melhoramento de culturas, orientando os estudantes em metodologias de seleção e preparando-os para carreiras no domínio da seleção de plantas, da genética e da investigação agrícola.

PAPEL DAS BIOTECNOLOGIAS VEGETAIS NA RAWE

No programa RAWE (Rural Agricultural Work Experience), os biotecnólogos de plantas actuam como especialistas na aplicação de técnicas biotecnológicas para aumentar a produtividade, a qualidade e a sustentabilidade das culturas.

- Cultura de tecidos e micropropagação: Ensinam aos estudantes técnicas de cultura de tecidos para a multiplicação rápida de genótipos de plantas de elite e a produção de material de plantação sem doenças. Demonstram procedimentos para a iniciação, multiplicação, enraizamento e aclimatação de culturas de tecidos, preparando os estudantes para funções de propagação de plantas e conservação de germoplasma.

PAPEL DO SERICULTOR NA RAWE

No programa RAWE (Rural Agricultural Work Experience), um sericicultor actua como especialista na área da sericultura, a cultura de insectos produtores de seda, em particular os bichos-da-seda. O seu papel inclui:

1. Técnicas de criação do bicho-da-seda: Os sericicultores ensinam aos

estudantes a criação e a gestão dos bichos-da-seda (Bombyx mori) para a produção de seda. Ensinam aos estudantes os ciclos de vida do bicho-da-seda, os hábitos alimentares, os requisitos ambientais e as práticas de gestão de doenças.

2. Cultura da amoreira: Os sericultores aconselham os estudantes sobre o cultivo de amoreiras (Morus spp.), a principal fonte de alimentação dos bichos-da-seda. Discutem técnicas de cultivo da amoreira, como a plantação, a poda, a fertilização e a gestão de pragas, para garantir um fornecimento constante de folhas de amoreira de alta qualidade para a criação do bicho-da-seda.

3. Criação e genética do bicho-da-seda: Apresentam aos alunos os programas de criação do bicho-da-seda com o objetivo de desenvolver estirpes de elevado rendimento, resistentes a doenças e melhoradas em termos de qualidade da seda. Discutem técnicas de reprodução selectiva, hibridação e melhoramento genético de bichos-da-seda para aumentar a eficiência da produção de seda e as características da fibra de seda.

4. Produção de casulos de seda: Os sericicultores demonstram técnicas de colheita, processamento e enrolamento de casulos de seda para extrair fibras de seda crua. Ensinam aos alunos o momento da colheita do casulo, os processos de fervura e degomagem do casulo e os métodos de enrolamento da seda para obter fios de seda de alta qualidade adequados à produção têxtil.

5. Cadeia de valor da indústria da seda: Os participantes fornecem informações sobre a cadeia de valor da indústria da seda, desde a sericultura até à tecelagem da seda e ao fabrico de têxteis. Discutem a importância económica da produção de seda, a procura de produtos de seda no mercado e as potenciais oportunidades de acréscimo de valor e de empreendedorismo em empresas relacionadas com a sericultura.

6. Investigação e inovação: Os sericicultores podem envolver os estudantes em projectos de investigação centrados na melhoria das práticas de sericultura, no desenvolvimento de técnicas sustentáveis de criação do

bicho-da-seda ou na exploração de aplicações inovadoras da seda em várias indústrias. Envolvem os estudantes em actividades de investigação práticas para fomentar o pensamento crítico e a capacidade de resolução de problemas na sericultura.

De um modo geral, os sericicultores desempenham um papel crucial no programa RAWE, fornecendo conhecimentos especializados em sericultura, orientando os estudantes nas técnicas de produção de seda e preparando-os para carreiras na sericultura, na criação de seda, na indústria têxtil e no empreendedorismo agrícola.

PAPEL DO APICULTOR NA RAWE

No programa RAWE (Rural Agricultural Work Experience), um apicultor trabalha como especialista na gestão e tratamento de colónias de abelhas. O seu papel inclui:

1. Técnicas de apicultura: Os apicultores ensinam aos alunos os princípios e práticas da apicultura, incluindo a construção de colmeias, a gestão de colónias e a biologia das abelhas. Ensinam os alunos sobre os diferentes tipos de colmeias, como as colmeias Langstroth, top-bar e Warre, e demonstram os procedimentos de inspeção e manutenção das colmeias.

2. Biologia e comportamento das abelhas: Explicam o ciclo de vida das abelhas melíferas, incluindo os papéis da abelha rainha, das abelhas operárias e dos zangões na colónia. Discutem o comportamento de procura de alimento das abelhas, a comunicação através de feromonas e a organização da colmeia para ajudar os alunos a compreender a dinâmica das colónias de abelhas.

3. Práticas de gestão da colmeia: Os apicultores aconselham os estudantes sobre práticas sazonais de gestão das colmeias, tais como a inspeção das colónias, a monitorização de pragas e doenças e a manipulação das colmeias para a prevenção de enxames e a expansão das colónias. Ensinam os estudantes a reconhecer os sinais de doenças e parasitas que afectam a saúde

das abelhas e recomendam estratégias de gestão adequadas.

4. Serviços de polinização: Discutem o papel das abelhas melíferas como polinizadores nos ecossistemas agrícolas e a importância das colónias de abelhas geridas para a polinização das culturas. Educam os alunos sobre os benefícios dos serviços de polinização prestados pelas abelhas e destacam os desafios que os polinizadores enfrentam devido à perda de habitat, exposição a pesticidas e doenças.

5. Produção e transformação do mel: Os apicultores demonstram técnicas de extração, filtragem e engarrafamento do mel para produzir produtos de mel de alta qualidade. Discutem o momento da colheita do mel, o equipamento de extração e os métodos de processamento para manter os padrões de qualidade e segurança do mel.

6. Empreendedorismo apícola: Fornecem orientação sobre como iniciar e gerir um negócio de apicultura, incluindo planeamento empresarial, comercialização de mel e produtos de colmeia e obtenção das autorizações e certificações necessárias. Discutem os potenciais fluxos de rendimento da venda de mel, serviços de polinização, produtos de cera de abelha e venda de abelhas rainhas para ajudar os alunos a explorar oportunidades de empreendedorismo na apicultura.

7. Investigação e inovação: Os apicultores podem envolver os estudantes em projectos de investigação centrados na saúde das abelhas, em práticas de gestão de colmeias ou em inovações na apicultura. Envolvem os estudantes na recolha de dados, análise e experimentação para responder a questões de investigação e contribuir para os avanços da ciência apícola.

Em geral, os apicultores desempenham um papel crucial no programa RAWE, fornecendo conhecimentos especializados em apicultura, orientando os estudantes nas práticas de gestão das abelhas e preparando-os para carreiras na apicultura, serviços de polinização, extensão agrícola e indústrias de produção de mel.

PAPEL DO ECONOMISTA AGRÍCOLA NA RAWE

No programa RAWE (Rural Agricultural Work Experience), um economista agrícola actua como especialista na matéria, centrando-se nos aspectos económicos da agricultura e do desenvolvimento rural. O seu papel inclui:

1. Gestão e planeamento agrícola: Os economistas agrícolas ensinam aos estudantes os princípios de gestão agrícola, incluindo a orçamentação, a análise financeira e os processos de tomada de decisões. Ensinam os estudantes a desenvolver planos de negócios agrícolas, a avaliar os custos de produção e a analisar a rentabilidade para melhorar a produtividade e a sustentabilidade das explorações agrícolas.

2. Análise do mercado e fixação de preços: Fornecem informações sobre os mercados de produtos de base, tendências de preços e forças de mercado que influenciam os preços e o comércio agrícolas. Os economistas agrícolas ensinam os estudantes a efetuar estudos de mercado, a avaliar oportunidades de mercado e a tomar decisões de marketing informadas para maximizar os rendimentos agrícolas.

3. Gestão dos riscos: Discutem estratégias de gestão de riscos para mitigar os riscos de produção, de preços e financeiros na agricultura. Os economistas agrícolas apresentam aos estudantes ferramentas de avaliação de riscos, produtos de seguros e acordos de partilha de riscos para ajudar os agricultores a lidar com as incertezas e a melhorar a resistência a acontecimentos adversos.

4. Análise de políticas agrícolas: Os economistas agrícolas analisam as políticas, programas e regulamentos agrícolas que afectam as operações agrícolas e as comunidades rurais. Ensinam os estudantes sobre subsídios governamentais, políticas comerciais, regulamentos ambientais e programas de apoio à agricultura, e as suas implicações para o rendimento agrícola, uso da terra e afetação de recursos.

5. Agricultura sustentável e economia ambiental: Discutem as dimensões

económicas das práticas agrícolas sustentáveis, a conservação dos recursos e a gestão ambiental. Os economistas agrícolas exploram as soluções de compromisso entre eficiência económica, sustentabilidade ambiental e equidade social nos sistemas de produção agrícola e orientam os estudantes na avaliação de métodos de produção alternativos e práticas de conservação.

6. Desenvolvimento rural e economia comunitária: Analisam o papel da agricultura no desenvolvimento rural, na geração de rendimentos e na redução da pobreza. Os economistas agrícolas debatem estratégias para promover o empreendedorismo rural, o desenvolvimento da agroindústria e a diversificação das economias rurais, a fim de aumentar os meios de subsistência e melhorar a qualidade de vida nas comunidades rurais.

7. Avaliação do impacto económico: Os economistas agrícolas realizam avaliações do impacto económico de projectos, programas e investimentos agrícolas. Ensinam os estudantes a avaliar os benefícios e custos económicos das intervenções agrícolas, a quantificar os seus impactos no emprego, no rendimento e no crescimento económico e a informar os decisores sobre as prioridades políticas e a afetação de recursos.

Em geral, os economistas agrícolas desempenham um papel crucial no programa RAWE, fornecendo conhecimentos especializados em economia agrícola, orientando os estudantes na análise económica e na tomada de decisões e preparando-os para carreiras na gestão de explorações agrícolas,

agronegócio, análise de políticas e desenvolvimento rural.

PAPEL DO CIENTISTA DA CIÊNCIA ALIMENTAR E DA NUTRIÇÃO NA RAWE

No programa RAWE (Rural Agricultural Work Experience), um cientista de ciência alimentar e nutrição actua como especialista no estudo da composição, processamento, segurança e valor nutricional dos alimentos. O seu papel inclui:

1. Processamento e preservação de alimentos: Os cientistas das ciências alimentares e da nutrição ensinam aos estudantes técnicas de processamento de alimentos, tais como secagem, enlatamento, congelação e fermentação para preservar produtos agrícolas. Ensinam os estudantes sobre princípios de segurança alimentar, práticas de saneamento e requisitos regulamentares para garantir a qualidade e a segurança dos alimentos processados.

2. Desenvolvimento e inovação de produtos: Colaboram com os estudantes para desenvolver novos produtos alimentares utilizando ingredientes agrícolas disponíveis localmente. Os cientistas da ciência alimentar e da nutrição orientam os alunos na formulação de receitas, seleção de ingredientes, avaliação sensorial e testes de produtos para criar produtos alimentares de valor acrescentado com potencial de mercado.

3. Avaliação da qualidade dos alimentos: Ensinam os estudantes a avaliar a qualidade dos produtos agrícolas e dos alimentos transformados utilizando a avaliação sensorial, a análise laboratorial e os métodos de controlo de qualidade. Os cientistas da ciência alimentar e da nutrição discutem os factores que influenciam a qualidade dos alimentos, como o sabor, a textura, a cor e o conteúdo nutricional, e ajudam os alunos a identificar formas de melhorar a qualidade dos produtos.

4. Análise nutricional e rotulagem: Ensinam os estudantes sobre técnicas de análise nutricional para determinar a composição e o valor nutricional dos produtos alimentares. Os cientistas da ciência alimentar e da nutrição ensinam os estudantes a interpretar os rótulos nutricionais, a calcular o teor de nutrientes e a cumprir os regulamentos de rotulagem para fornecer uma rotulagem alimentar exacta e informativa aos consumidores.

5. Segurança alimentar e microbiologia: Discutem os agentes patogénicos de origem alimentar, os riscos de segurança alimentar e as medidas preventivas para minimizar o risco de doenças de origem alimentar. Os cientistas da ciência alimentar e da nutrição ensinam aos estudantes os sistemas de gestão da segurança alimentar, os princípios da Análise de Perigos e Pontos Críticos de Controlo (HACCP) e as boas práticas de fabrico (GMP) para garantir a segurança dos produtos alimentares.

6. Saúde pública e educação nutricional: Promovem hábitos alimentares saudáveis e práticas dietéticas entre as comunidades rurais através de programas de educação nutricional e de sensibilização. Os cientistas da ciência alimentar e da nutrição colaboram com os estudantes para desenvolver materiais educativos, workshops e iniciativas comunitárias destinadas a melhorar os conhecimentos sobre nutrição, as escolhas alimentares e os comportamentos alimentares.

7. Investigação e inovação: Os cientistas da ciência alimentar e da nutrição conduzem projectos de investigação no âmbito do programa RAWE para enfrentar os desafios e oportunidades relacionados com a alimentação na agricultura rural. Envolvem estudantes em actividades de investigação centradas na ciência alimentar, nutrição, segurança alimentar e desenvolvimento de produtos para gerar novos conhecimentos e inovações na tecnologia alimentar.

De um modo geral, os cientistas da ciência alimentar e da nutrição desempenham um papel crucial no programa RAWE, fornecendo conhecimentos especializados em ciência alimentar, nutrição e segurança alimentar, orientando os estudantes no processamento de alimentos e no desenvolvimento de produtos, e preparando-os para carreiras na indústria alimentar, saúde pública, educação nutricional e investigação

PAPEL DA ENGENHARIA AGRÍCOLA NA RAWE

No programa RAWE (Rural Agricultural Work Experience - Experiência de Trabalho Agrícola Rural), o engenheiro agrícola actua como especialista na matéria, centrado na aplicação de princípios de engenharia e tecnologia para resolver desafios agrícolas. O seu papel inclui:

1. Máquinas e equipamentos agrícolas: Os engenheiros agrícolas ensinam aos estudantes a seleção, o funcionamento e a manutenção de máquinas e equipamentos agrícolas. Ensinam aos estudantes a operação de tractores, equipamento de lavoura, maquinaria de plantação, equipamento de colheita e tecnologias de agricultura de precisão para melhorar a eficiência e a produtividade das explorações agrícolas.

2. Irrigação e gestão da água: Aconselham os estudantes na conceção, instalação e gestão de sistemas de irrigação para otimizar a eficiência da utilização da água e o rendimento das culturas. Os engenheiros agrícolas ensinam aos estudantes diferentes métodos de rega, como a rega gota a gota, a rega por aspersão e a rega por sulcos, e ajudam-nos a avaliar as necessidades de humidade do solo e a programar a rega.

3. Estruturas e infra-estruturas agrícolas: Os engenheiros agrícolas ajudam os estudantes na conceção e construção de edifícios, estruturas e infra-estruturas agrícolas. Ensinam aos estudantes os princípios da engenharia estrutural, os códigos de construção e os materiais de construção para garantir a segurança, a funcionalidade e a durabilidade das instalações agrícolas, tais como celeiros, estufas, armazéns e instalações de alojamento de animais.

4. Sistemas de energia renovável: Apresentam aos alunos as tecnologias de energia renovável para alimentar as operações agrícolas e reduzir a dependência dos combustíveis fósseis. Os engenheiros agrícolas debatem a energia solar, a energia eólica, a energia de biomassa e os sistemas de produção de biogás e ajudam os estudantes a avaliar a viabilidade de integrar fontes de energia renováveis nas operações agrícolas.

5. Manuseamento e transformação pós-colheita: Ajudam os estudantes a conceber e otimizar as instalações de manuseamento e transformação pós-colheita de produtos agrícolas. Os engenheiros agrícolas ensinam os estudantes sobre o equipamento de limpeza, seleção, classificação, embalagem e armazenamento de produtos agrícolas para manter a qualidade e prolongar o prazo de validade.

6. Investigação e inovação: Os engenheiros agrícolas conduzem projectos de investigação no âmbito do programa RAWE para enfrentar os desafios da engenharia agrícola e desenvolver soluções inovadoras. Envolvem os estudantes em actividades de investigação centradas na conceção de engenharia, desenvolvimento de tecnologia e testes de campo para melhorar as práticas e o equipamento agrícola.

Em geral, a engenharia agrícola desempenha um papel crucial no programa RAWE, fornecendo conhecimentos especializados em tecnologia de engenharia, desenvolvimento de infra-estruturas e gestão ambiental, orientando os estudantes na aplicação de princípios de engenharia à produção agrícola e preparando-os para carreiras em engenharia agrícola, gestão de explorações agrícolas e inovação tecnológica.

PAPEL DO CIENTISTA ANIMAL NA RAWE

No programa RAWE (Rural Agricultural Work Experience), um especialista em ciência animal desempenha um papel crucial no fornecimento de conhecimentos especializados na gestão, cuidados e produção de gado. O seu papel inclui:

1. Gestão de gado: Os especialistas em ciências animais ensinam aos estudantes os princípios da criação de animais, incluindo a alimentação, o alojamento, a reprodução e as práticas de gestão da saúde de várias espécies de animais. Ensinam aos estudantes o comportamento animal, as necessidades nutricionais e as condições ambientais necessárias para um bem-estar e uma produtividade óptimos dos animais.

2. Criação e genética: Aconselham os estudantes sobre programas de criação de gado destinados a melhorar características desejáveis, como a taxa de crescimento, a qualidade da carne, a produção de leite e a resistência a doenças. Os especialistas em ciência animal discutem estratégias de criação, critérios de seleção e técnicas de melhoramento genético para aumentar o potencial genético das populações de gado.

3. Gestão da reprodução: Ensinam aos estudantes a fisiologia reprodutiva e as práticas de gestão para otimizar o desempenho reprodutivo dos rebanhos de gado. Os especialistas em ciência animal discutem a deteção do cio, a inseminação artificial, o diagnóstico de gravidez e a gestão do parto para maximizar a eficiência reprodutiva e a fertilidade do efetivo.

4. Nutrição e alimentação: Fornecem orientação sobre a formulação de dietas equilibradas e regimes de alimentação para o gado com base nas suas necessidades nutricionais e objectivos de produção. Os especialistas em ciência animal discutem os ingredientes dos alimentos para animais, a formulação de rações, os sistemas de alimentação e as práticas de gestão dos alimentos para garantir uma ingestão óptima de nutrientes e o estado de saúde dos animais.

5. Gestão da saúde e das doenças: Educam os estudantes sobre a prevenção de doenças, medidas de biossegurança e protocolos de vacinação para manter a saúde do rebanho e evitar a propagação de doenças infecciosas. Os especialistas em ciência animal ensinam os estudantes a reconhecer sinais de doença, a administrar medicamentos e a implementar medidas de controlo de doenças para proteger o bem-estar dos animais e a rentabilidade das explorações.

6. Manuseamento e bem-estar dos animais: Salientam a importância de práticas adequadas de manuseamento e cuidados para garantir o bem-estar dos animais e minimizar o stress durante os procedimentos de manuseamento. Os especialistas em ciência animal ensinam aos estudantes técnicas de manuseamento de animais com pouco stress, conceção de instalações para conforto e segurança dos animais e

cumprimento dos regulamentos e directrizes relativos ao bem-estar dos animais.

7. Sistemas de produção e eficiência: Discutem diferentes sistemas de produção animal, tais como sistemas intensivos, semi-intensivos e extensivos, e ajudam os estudantes a avaliar a sua adequação e sustentabilidade em contextos agrícolas rurais. Os especialistas em ciência animal ensinam os alunos sobre métricas de eficiência, indicadores de produtividade e factores económicos que influenciam as decisões de produção animal.

Em geral, os especialistas em ciência animal desempenham um papel fundamental no programa RAWE, fornecendo conhecimentos especializados em gestão de gado, criação, nutrição, saúde e bem-estar, orientando os estudantes em competências práticas e conhecimentos essenciais para carreiras de sucesso na agricultura animal e no desenvolvimento rural.

PAPEL DO EXTENSIONISTA NA RAWE

No programa RAWE (Rural Agricultural Work Experience - Experiência de Trabalho Agrícola Rural), um cientista extensionista actua como um facilitador fundamental entre a investigação agrícola, a divulgação de conhecimentos e as comunidades rurais. O seu papel inclui:

1. Transferência de conhecimentos: Cientistas de extensão preenchem a lacuna entre os resultados da pesquisa e a aplicação prática, disseminando conhecimento científico, tecnologias e melhores práticas para agricultores e comunidades rurais que participam do programa RAWE. Eles facilitam oficinas educacionais, dias de campo e eventos de extensão para compartilhar informações sobre inovações agrícolas, técnicas de produção e práticas sustentáveis.

2. Educação e formação dos agricultores: Concebem e ministram programas de formação e actividades de capacitação para melhorar as competências,

os conhecimentos e as capacidades de tomada de decisões dos agricultores e dos intervenientes rurais. Os cientistas da extensão ensinam os participantes no programa RAWE sobre gestão de culturas e gado, controlo de pragas e doenças, conservação do solo e outros tópicos relevantes para melhorar a produtividade agrícola e os meios de subsistência.

3. Serviços de aconselhamento: Os cientistas da extensão fornecem conselhos personalizados, recomendações e assistência técnica aos agricultores com base nas suas necessidades, desafios e objectivos específicos. Eles oferecem consultas no local, visitas a fazendas e serviços de diagnóstico para ajudar os participantes do programa RAWE a identificar problemas, resolver problemas e implementar soluções eficazes em suas operações agrícolas.

4. Parcelas de demonstração e ensaios: Eles estabelecem parcelas de demonstração, ensaios em fazendas e vitrines de tecnologia dentro do programa RAWE para mostrar práticas agrícolas inovadoras, tecnologias e variedades de culturas. Os cientistas da extensão oferecem oportunidades de aprendizagem prática para os participantes observarem, avaliarem e adoptarem novas técnicas e tecnologias que podem aumentar a produtividade e a rentabilidade das explorações agrícolas.

5. Extensão e envolvimento da comunidade: Os cientistas da extensão envolvem-se com as comunidades rurais, grupos de agricultores e organizações locais para criar parcerias, fomentar a colaboração e promover iniciativas de desenvolvimento comunitário. Facilitam oportunidades de trabalho em rede, intercâmbios de agricultores e plataformas de partilha de conhecimentos para incentivar a aprendizagem entre pares, a troca de informações e a capacitação da comunidade entre os participantes no programa RAWE.

6. Investigação aplicada e avaliação: Os cientistas da extensão conduzem projectos de investigação aplicada no âmbito do programa RAWE para responder a desafios específicos enfrentados pelos agricultores e pelas comunidades rurais. Avaliam a eficácia das intervenções de extensão, das tecnologias e das estratégias de divulgação para alcançar os resultados

desejados e gerar impactos mensuráveis na produtividade, sustentabilidade e resiliência das explorações agrícolas.

7. Defesa de políticas e envolvimento das partes interessadas: Os cientistas da extensão defendem políticas, programas e investimentos que apoiam as necessidades e interesses dos agricultores e das comunidades rurais. Colaboram com os decisores políticos, agências governamentais e partes interessadas para fornecer recomendações baseadas em provas, feedback e contributos sobre as prioridades de desenvolvimento agrícola, atribuição de recursos e implementação de políticas.

De um modo geral, os cientistas extensionistas desempenham um papel vital no programa RAWE, facilitando o intercâmbio de conhecimentos, a criação de capacidades e a capacitação da comunidade na agricultura rural, contribuindo para o desenvolvimento sustentável e melhorando os meios de subsistência dos agricultores e das comunidades rurais.

Capítulo 20: Museu da Cultura

Gavisiddesh Prabhuraj Patil

O Museu das Culturas é uma oportunidade para os estudantes da RAWEP terem uma experiência em primeira mão do cultivo de culturas numa situação rural real. Os estudantes terão também a oportunidade de expor as diferentes tecnologias desenvolvidas pelos institutos de investigação numa situação real de vida rural. O museu de culturas pode ser estabelecido através do cultivo de variedades libertadas pelas universidades, variedades locais em sementes guardadas na exploração e diversas variedades forrageiras, plantas medicinais e ornamentais. Após a sementeira das culturas, procedeu-se à inspeção diária de cada uma das parcelas do museu de culturas para deteção de pragas, doenças e deficiências nutricionais. As operações interculturais como o desbaste, a ligação à terra, a monda, a irrigação e a cobertura foram efectuadas em tempo oportuno. Também se procedeu à pulverização de insecticidas contra várias pragas e doenças.

Um museu da cultura desempenha um papel crucial no ensino da extensão:

1. *Preservação **da diversidade das culturas**:* Serve de repositório de várias espécies e variedades de culturas, preservando a diversidade genética crucial para a sustentabilidade agrícola futura.

2. **Educação e Sensibilização**: Fornece uma plataforma para educar agricultores, estudantes e o público sobre diferentes culturas, as suas características, técnicas de cultivo e importância na segurança alimentar.

3. *Demonstração:* Oferece demonstrações práticas de métodos de cultivo, apresentando as melhores práticas e técnicas inovadoras para melhorar o rendimento e a qualidade das colheitas.

4. **Investigação e desenvolvimento:** Facilita a investigação sobre o melhoramento das culturas, a adaptação às alterações climáticas e as práticas agrícolas sustentáveis, promovendo a inovação e a divulgação de conhecimentos.

5. **Valor** cultural **e histórico:** Destaca o significado cultural e histórico das culturas, ligando as pessoas ao seu património agrícola e promovendo o apreço

pelas práticas agrícolas tradicionais.

6. *Envolvimento da comunidade:* Envolve os agricultores e as comunidades locais em actividades de aprendizagem participativa, workshops e eventos, promovendo a troca de conhecimentos e a colaboração Em geral, um museu da cultura serve como um recurso inestimável para a educação de extensão, contribuindo para o desenvolvimento agrícola, conservação ambiental e esforços de segurança alimentar.

Agronomia

Num museu de culturas, as práticas agronómicas são tipicamente demonstradas e exibidas para educar os visitantes sobre as melhores práticas no cultivo de culturas. Aqui estão algumas práticas agronómicas comuns que podem ser apresentadas num museu de culturas:

1. **Seleção de culturas:** * Informações sobre a seleção de espécies e variedades de culturas adequadas com base no clima, tipo de solo, procura do mercado e outros factores.

2. **Preparação do terreno:** Demonstrações de técnicas de preparação do terreno, como arar, gradar e nivelar para criar uma cama de sementes adequada para a plantação.

3. **Seleção e tratamento de sementes:** Educação sobre a seleção de sementes de qualidade, métodos de tratamento de sementes para melhorar a germinação e proteger contra pragas e doenças.

4. **Métodos de plantação:** Demonstrações de vários métodos de plantação, incluindo a sementeira direta, a transplantação e a utilização de máquinas como os semeadores.

5. **Fertilização:** Informações sobre a gestão da fertilidade do solo, incluindo a utilização de fertilizantes orgânicos e inorgânicos, compostagem e testes ao solo.

6. **Irrigação:** Educação sobre diferentes métodos de irrigação, como a irrigação por gotejamento, a irrigação por aspersão e a irrigação por inundação, destacando as práticas de conservação da água.

7. **Gestão de ervas daninhas:** Demonstrações de técnicas integradas de gestão

de ervas daninhas, incluindo métodos mecânicos, culturais e químicos para controlar as ervas daninhas, minimizando o impacto ambiental.

8. **Gestão de pragas e doenças:** Informação sobre a identificação e gestão de pragas e doenças comuns através de práticas culturais, controlo biológico e utilização criteriosa de pesticidas.

9. **Monitorização** das culturas:** Orientação sobre a monitorização do crescimento, desenvolvimento e saúde das culturas ao longo da estação de crescimento para detetar e resolver problemas prontamente.

10. **Colheita:** Demonstrações de técnicas de colheita adequadas para maximizar o rendimento e a qualidade, incluindo o momento da colheita, o manuseamento e as práticas de armazenamento.

11. **Manuseamento pós-colheita:** Educação sobre práticas de manuseamento pós-colheita, como a limpeza, a seleção, a classificação e a embalagem, para manter a qualidade das colheitas e prolongar o prazo de validade.

12. **Rotação de culturas e práticas de conservação:** Informação sobre rotação de culturas, culturas de cobertura e outras práticas agrícolas de conservação para melhorar a saúde do solo, reduzir a erosão e aumentar a sustentabilidade.

Ao apresentar estas práticas agronómicas no museu das culturas, os visitantes podem aprender sobre métodos sustentáveis e eficientes para a produção de culturas, ao mesmo tempo que adquirem conhecimentos práticos sobre técnicas agrícolas modernas.

Patologia

O envolvimento da patologia num programa educativo de extensão de um museu de culturas pode melhorar significativamente a compreensão dos visitantes sobre as doenças das plantas e o seu impacto na produção agrícola. Veja como a patologia pode ser integrada numa iniciativa de educação de extensão de um museu de culturas:

1. *Identificação de doenças:* Exiba exposições sobre doenças comuns das plantas, incluindo fotografias, espécimes e ferramentas interactivas para os visitantes aprenderem a identificar os sintomas de doenças que afectam diferentes culturas.

2. *Biologia de agentes patogénicos: Fornecer informações sobre a biologia, o ciclo de vida e os modos de transmissão de agentes patogénicos para as plantas, tais como fungos, bactérias, vírus, nemátodos e outros micróbios.

3. *Estratégias de gestão de doenças:* Apresente estratégias integradas de gestão de doenças, incluindo práticas culturais (rotação de culturas, saneamento), métodos de controlo biológico, utilização de variedades resistentes e opções de controlo químico (fungicidas, bactericidas, etc.).

4. *Técnicas de diagnóstico:* Demonstrar técnicas de diagnóstico utilizadas em fitopatologia, tais como microscopia, métodos moleculares (PCR, ELISA) e ferramentas de diagnóstico rápido baseadas no terreno, para ajudar os visitantes a compreender como as doenças são identificadas e diagnosticadas.

5. *Impacto das doenças:* Destaque os impactos económicos, sociais e ambientais das doenças das plantas no rendimento das culturas, na qualidade, na segurança alimentar e nos meios de subsistência dos agricultores através de exposições interactivas, estudos de casos e exemplos do mundo real.

6. *Investigação e inovação:* Apresente a investigação e as inovações em curso no domínio da patologia vegetal, incluindo a criação de resistência a doenças, o desenvolvimento de biopesticidas e os avanços nas tecnologias de monitorização e gestão de doenças.

7. *Workshops e demonstrações interactivas:* Realize workshops, demonstrações e actividades práticas onde os visitantes podem aprender sobre amostragem de doenças, técnicas laboratoriais e práticas de gestão de doenças sob a orientação de especialistas em patologia vegetal.

8. *Serviços de extensão:* Fornecer acesso a serviços e recursos de extensão, incluindo fichas de informação, publicações, ferramentas em linha e consultas a peritos, para ajudar os agricultores e as partes interessadas a enfrentar desafios específicos relacionados com doenças nas suas culturas e regiões.

9. *Colaboração com instituições de patologia vegetal:* Colabore com universidades, instituições de investigação e organizações de patologia vegetal para tirar partido da experiência, dos recursos e do acesso a instalações de investigação

para desenvolver exposições e programas informativos e interessantes.

Ao incorporar a patologia no programa educativo de extensão do museu das culturas, os visitantes podem obter uma compreensão mais profunda dos desafios colocados pelas doenças das plantas e aprender sobre estratégias eficazes de prevenção, deteção e gestão de doenças na produção agrícola.

Entomologia

O envolvimento da entomologia num programa educativo de extensão de um museu de culturas pode melhorar significativamente a compreensão dos visitantes sobre as pragas de insectos e o seu impacto na saúde das culturas. Veja como a entomologia pode ser integrada numa iniciativa de educação de extensão de um museu de culturas:

1. *Identificação de insectos:* Exiba exposições com pragas de insectos comuns, incluindo espécimes, fotografias e ferramentas interactivas para os visitantes aprenderem a identificar as pragas que afectam diferentes culturas.

2. *Ciclos de vida e biologia: Forneça informações sobre os ciclos de vida, o comportamento, os hábitos alimentares e a ecologia dos principais insectos-praga, bem como dos insectos benéficos, para ajudar os visitantes a compreender o seu papel nos ecossistemas das culturas.

3. *Sintomas de danos: Apresente exemplos de danos causados às culturas por insectos-praga, incluindo danos na alimentação, transmissão de doenças e outros efeitos prejudiciais no crescimento e rendimento das plantas.

4. *Gestão Integrada de Pragas (IPM):* Destaque as estratégias de IPM para gerir as pragas de insectos de forma sustentável, incluindo práticas culturais, métodos de controlo biológico, utilização de feromonas e armadilhas e utilização criteriosa de insecticidas.

5. *Controlo Biológico:* Demonstrar a utilização de inimigos naturais, tais como predadores, parasitóides e agentes microbianos para o controlo de pragas de insectos, realçando a importância de conservar e aumentar as populações de insectos benéficos.

6. *Técnicas de monitorização de insectos:* Informe os visitantes sobre os vários

métodos de monitorização das populações de insectos-praga, incluindo a observação visual, a armadilha com feromonas e a utilização de dispositivos electrónicos de monitorização.

7. *Segurança dos pesticidas e gestão das resistências:* Fornecer informações sobre práticas de segurança dos pesticidas, técnicas de aplicação adequadas e estratégias para atenuar a resistência aos pesticidas nas populações de insectos pragas.

8. *Demonstrações interactivas:* Realize demonstrações de insectos ao vivo, instalações de criação de insectos e actividades práticas onde os visitantes podem observar o comportamento dos insectos, aprender sobre a anatomia dos insectos e participar em experiências relacionadas com insectos.

9. *Serviços de extensão: Ofereça acesso a serviços e recursos de extensão, tais como guias de gestão de pragas, fichas técnicas, bases de dados em linha e consultas a peritos, para ajudar os agricultores e as partes interessadas a resolver os problemas das pragas de insectos nas suas culturas e regiões.

10. *Colaboração com instituições de entomologia:* Colaborar com universidades, instituições de investigação e organizações de entomologia para desenvolver exposições informativas, workshops e materiais educativos baseados na investigação atual e nas melhores práticas de gestão de pragas de insectos.

Ao incorporar a entomologia no programa educativo de extensão do museu das culturas, os visitantes podem obter conhecimentos valiosos sobre as interacções complexas entre os insectos e as culturas e aprender estratégias eficazes para gerir as pragas de insectos, minimizando os impactos ambientais e promovendo uma agricultura sustentável.

A azola tem uma importância significativa na alimentação do gado devido a várias razões:

1. *Alto valor nutricional:* A Azolla é rica em proteínas (até 25-30%), aminoácidos essenciais, vitaminas (especialmente vitamina A, B12 e beta-

caroteno), minerais (como cálcio, fósforo, potássio e magnésio) e outros nutrientes. Isto torna-o um suplemento alimentar nutritivo para várias espécies de animais.

2. *Digestibilidade:* A Azolla é altamente digerível para os animais, o que significa que podem utilizar eficazmente os seus nutrientes para o crescimento, reprodução e saúde geral.

3. *Palatabilidade:* O gado geralmente considera a Azolla palatável, tornando-a uma opção alimentar atractiva para os animais. O seu sabor e textura tornam-na facilmente consumida por aves de capoeira, suínos, peixes e outros animais.

4. *Promoção do crescimento: * O elevado teor de proteínas da Azolla pode apoiar o crescimento e o desenvolvimento do gado, particularmente em animais jovens e durante períodos de elevada procura nutricional, como a lactação ou a produção de ovos.

5. *Alimentação económica: * A Azolla pode ser cultivada de forma fácil e económica, especialmente em corpos de água como lagos ou tanques. Isto torna-a uma opção de alimentação económica, particularmente em áreas onde as fontes de alimentação convencionais são escassas ou caras.

6. *Benefícios para a saúde:* A Azolla contém compostos bioactivos e antioxidantes que podem conferir benefícios para a saúde dos animais, tais como uma melhor imunidade, resistência a doenças e bem-estar geral.

7. *Redução dos custos de alimentação: Ao incorporar a Azolla nas dietas dos animais, os agricultores podem reduzir a sua dependência de alimentos comerciais dispendiosos, diminuindo assim os custos globais de alimentação e melhorando a rentabilidade

Demonstrações de resultados

Realizar demonstrações de Ressult num museu de culturas como parte do ensino de extensão envolve uma abordagem estruturada para educar e envolver os visitantes sobre vários aspectos do cultivo de culturas. Veja como pode ser feito:

1. *Seleção do Museu da Cultura*: Escolha um museu de culturas com uma coleção diversificada de exposições relacionadas com o cultivo de culturas,

práticas agrícolas e a história da agricultura. Certifique-se de que o museu tem instalações adequadas para a realização de demonstrações ao vivo, tais como áreas ao ar livre ou espaços de demonstração designados.

2. *Identificação dos objectivos educativos*: Defina os objectivos educativos das demonstrações de resultados, tais como a apresentação de práticas agrícolas sustentáveis, a demonstração de técnicas de cultivo de culturas ou o destaque da importância da diversidade de culturas. Adapte as demonstrações para se alinharem com os objectivos educativos gerais e o público-alvo do museu.

3. *Planeamento de demonstrações: Seleccione tópicos ou temas específicos para as demonstrações com base nas exposições do museu e nos interesses dos visitantes. Planeie uma série de demonstrações que cubram uma série de tópicos, incluindo a preparação do solo, técnicas de plantação, manutenção das culturas, gestão de pragas e métodos de colheita.

4. *Recolha de recursos e materiais*: Reúna todos os recursos e materiais necessários para as demonstrações, incluindo sementes, equipamento de plantação, corretivos de solo, medidas de controlo de pragas e ferramentas de colheita. Coordene com o pessoal do museu para garantir o acesso às instalações e equipamentos necessários.

5. *Promoção das manifestações*: Divulgue as demonstrações através de vários canais, como o site do museu, plataformas de redes sociais, boletins informativos e meios de comunicação locais. Use materiais promocionais visualmente atraentes, como cartazes, folhetos e gráficos digitais, para atrair visitantes para as demonstrações.

6. *Realização das demonstrações*: Nas datas programadas, conduza as demonstrações em áreas designadas dentro do museu da cultura. Conduza os visitantes através de cada demonstração, fornecendo instruções passo-a-passo, explicações e oportunidades de pôr a mão na massa

para a participação. Incentive a interação, as perguntas e o debate entre os participantes para melhorar a experiência de aprendizagem.

7. *Demonstração das melhores práticas: Enfatize as melhores práticas no cultivo

de culturas, tais como a conservação do solo, a gestão da água, a gestão integrada de pragas e a conservação da biodiversidade. Apresente técnicas e tecnologias inovadoras que podem melhorar a produtividade, a resiliência e a sustentabilidade das culturas

8. *Destaque as exposições do museu: Integre as demonstrações com exposições relevantes do museu para fornecer contexto e melhorar a aprendizagem. Utilize as exposições como ajudas visuais e pontos de referência para ilustrar conceitos e princípios chave demonstrados durante as sessões.

9. *Recolha de feedback*: Solicite o feedback dos participantes após cada demonstração para avaliar a sua experiência de aprendizagem, satisfação e sugestões de melhoria. Utilize o feedback para aperfeiçoar futuras demonstrações e melhorar os resultados educacionais.

10. *Acompanhamento e Recursos*: Forneça aos participantes recursos adicionais, tais como folhetos informativos, guias on-line e links para materiais de leitura adicionais, para apoiar a sua aprendizagem e incentivar o envolvimento contínuo com as práticas de cultivo.

Ao seguir estes passos, as demonstrações num museu de culturas podem servir como ferramentas educativas eficazes para inspirar e educar os visitantes sobre a importância do cultivo de culturas, práticas agrícolas sustentáveis e inovação agrícola.

Museu da Cultura criado por estudantes da RAWEP

Museu da Cultura criado por estudantes da RAWEP

Formulário de avaliação para a criação de centros de informação/clínicas de plantas e museus de culturas [SRA-415 (0+2)] Avaliação dos centros de informação

Village.. RSK..

Sl. No.	Components	Evaluation criteria				
1	Selection of place for Information Centre	Most Appropriate		Appropriate	Not Appropriate	
2	Display of information in a sequence	Well Arranged Display		Average Display	Poor Displayed	
3	Display of three dimensional visual aids (Specimen and Model)	Displayed		Not Displayed		
4	Display of banner	Displayed		Not Displayed		
5	Visitor's book	Maintained		Not Maintained		
6	Style of Presentation	Well Presented		Average	Poor	
7	Maintenance of Information Centre	Well Maintained		Average	Poor	
8	Quality of aids (lettering, style, colour combination and visibility)	Very Good	Good	Average	Poor	
9	Overall maintenance Information Centre	Excellent	Very Good	Good	Average	Poor
10	Overall Assessment for 10 grade point	_______/10				

Date:-..............................   Signature of the teacher

Capítulo 21: Centro de Informação

Varsha, P.

O centro de informação é basicamente um local único onde pode obter toda a informação sobre a aldeia. Ele inclui modelos 2D e 3D, gráficos, cartazes, desenhos, pinturas, representação gráfica de dados etc. O objetivo principal do estabelecimento do CI é apresentar as informações da aldeia, o sistema agrícola, as principais culturas/ empresas, os problemas identificados e o plano de trabalho para que os agricultores possam compreender facilmente as informações da aldeia. Também pode incluir as ferramentas de ARP, tais como o mapa social, o mapa de recursos, a linha do tempo, o diagrama de Venn, a população da aldeia e outras informações relacionadas à aldeia, além disso, pode incluir a clínica fitossanitária. O objetivo da clínica fitossanitária é apresentar as principais doenças e pragas da aldeia e também a sua gestão.

Vista interior do centro de informação criado pelos estudantes da RAWEP

<u>OBJECTIVOS DO CENTRO DE INFORMAÇÃO</u>

- Para representar informações sobre a aldeia

- Apresentar os sistemas agrícolas disponíveis e adequados à região

- Apresentar informações sobre as principais culturas

- Para que seja rentável. Plano de empresa agrícola

- Fornecer informações sobre práticas agrícolas sustentáveis

- Prestar serviços de consultoria aos agricultores

A lista de gráficos e modelos elaborados em relação a diferentes departamentos é apresentada a seguir.

Department/ Subject	Charts and models
Agricultural extension	Mandates of RAWEP, activities gallery consisting of night meetings, field visits, method demonstrations, result demonstration, group discussions, teachers visit, activities carried out in crop museum and information center, P R A activities

Seed science and technology	Characters and importance of quality seeds, seed source, seed treatment with biofertilizers, fungicides and insecticides, uses of seed treatment, physical purity testing and classes of seeds.
Agronomy	Integrated farming system model, liquid organic manure and its importance, Integrated nutrient management, organic manures, IFS, ITKs in agriculture
Soil science and agricultural chemistry	Nano fertilizers, preparation of vermicompost, different methods of composting soil sampling procedure and precautions to be taken during sample collection, Depth of soil sampling, fertilizer adulteration soil profile model
Horticulture	Banana special and its importance, medicinal plants and its importance, procedure for preparation of tomato jam.
Plant biotechnology	Importance of plant tissue culture, Myths regarding GMO
Animal science	Mode of spread symptoms and treatment for LSD, foot and mouth disease, vaccination schedule for calves, vaccination schedule for cattle, concentrated mixture preparation, Milk products, steps for production of hygienic milk, improved breeds of cow, buffalo, goat, sheep, pig and poultry
Food science and nutrition	Importance and sources of vitamins and their deficiency disorders nutrients in milk, importance of Nutri millets, Ragi Malt preparation, value addition of finger millet and milk, Food pyramid and My plate

Agricultural engineering	Advantages of greenhouse technology, farm pond construction, rooftop rainwater harvesting, prices for availability of different farm equipment and machineries, model on biogas plant and rain water harvesting, Borewell recharge model Hand operated weeders
Forestry and environmental science	Agroforestry – different species of trees and uses Sandalwood based agroforestry in Karnataka
Agricultural marketing cooperation and business management	FPO, e-NAM, Crop Insurance, e-marketing, KCC, Krishi Marata Vahini, HOPCOMS, Apps related to Agri-marketing MSP, Raitha Sanjeevini, FRUITS id
PRA	Village map, social map, resource map, population, livestock population, mobility map, main crops, timeline, venn diagram, types of houses, land holdings, problem-solution tree, Technology map, Preference ranking, crop calendar and crop pyramid.
Sericulture	UAS Seri Suvarna Technology, Sericulture by products
Apiculture	Different steps involved transferring feral honeybee colony to bee box, Apiculture related products
Crop physiology	Importance of growth promoters, Synthetic growth regulators nutrient deficiency symptoms and their management, permitted use of growth regulators in tomato and grapes
Agricultural microbiology	Azolla importance and procedure for growing azolla, uses of oyster mushroom, cultivation of Oyster Mushroom, Various Biofertilizers and Jaivika Siri and its importance

Agricultural entomology	Model on integrated pest management, preparation of NSKE, integrated pest management for fall army worm, plant protection kit, different signs on level of toxicity of pesticides, management of thrips in chrysanthemum, DBM in cauliflower and types of insecticides
Plant pathology	Management of downy mildew and powdery mildew in grapes, black spot in rose, black rot in cauliflower late and early blight in tomato and preparation of Bordeaux mixture
Plant clinic	Preparation of herbarium of pest infestation, diseased plants and nutrient deficiency symptoms samples

<u>Critérios de avaliação do Centro de Informação</u>

Village...Group   ....

RSK....................................

Sl. No.	Components	Evaluation criteria			
1	Selection of place for Information Centre	Most Appropriate		Appropriate	Not Appropriate
2	Display of information in a sequence	Well Arranged Display		Average Display	Poor Displayed
3	Display of three dimensional visual aids (Specimen and Model)	Displayed		Not Displayed	
4	Display of banner	Displayed		Not Displayed	
5	Visitor's book	Maintained		Not Maintained	
6	Style of Presentation	Well Presented	Average	Poor	
7	Maintenance of Information Centre	Well Maintained	Average	Poor	
8	Quality of aids (lettering, style, colour combination and visibility)	Very Good	Good	Average	Poor
9	Overall maintenance Information Centre	Excellent	Very Good	Good	Average Poor
10.	Number of Consultancy services /Agro-advisories provided using Information Centre				
11	Overall Assessment for 10 grade point	______/10			

Date:-............................... Signature of the teacher/.......................................

CLÍNICA DE PLANTAS

Capítulo 22: Organização da exposição RAWEP

SHARVARI KN

Os objectivos da exposição devem ser claros e específicos Os objectivos claros e específicos da exposição são essenciais para mostrar os resultados, as aprendizagens e as realizações dos participantes em áreas como as práticas agrícolas, o desenvolvimento rural e as técnicas agrícolas sustentáveis. Estes objectivos podem incluir a promoção da inovação na agricultura, a sensibilização para a conservação do ambiente, a promoção do envolvimento da comunidade ou o destaque do impacto económico das iniciativas rurais. A clarificação destes objectivos orientará os participantes na comunicação eficaz dos seus contributos e experiências durante a exposição.

Decida o tema da exposição com base na situação e no problema

Com base na situação e nos problemas comuns enfrentados na RAWE, um tema adequado para a exposição poderia ser "Soluções sustentáveis para o desenvolvimento rural". Este tema sublinha a importância de enfrentar desafios como o acesso limitado aos recursos, os impactos das alterações climáticas e as disparidades económicas nas zonas rurais. Incentiva os participantes a apresentarem práticas inovadoras, tecnologias e iniciativas baseadas na comunidade, com o objetivo de promover a agricultura sustentável, melhorar os meios de subsistência e fomentar a resiliência nas comunidades rurais.

O local, a data e a hora da exposição devem ser anunciados

Certamente, anunciar o local e a data da exposição é crucial para garantir a máxima participação e presença. Eis como o pode anunciar: Promova o anúncio através de canais de comunicação oficiais, como boletins informativos por correio eletrónico, plataformas de redes sociais e sítios Web organizacionais. Crie gráficos ou cartazes visualmente apelativos para acompanhar o anúncio e distribua-os em espaços comunitários relevantes, repartições agrícolas e organizações parceiras. Incentive os participantes a partilharem o anúncio com as suas redes de contactos para expandir o alcance e garantir uma ampla sensibilização para o evento.

Todos os artigos devem ser etiquetados na língua local

A etiquetagem de todos os artigos na língua local acrescenta um toque de autenticidade cultural e assegura uma comunicação clara para os participantes. Eis como pode incorporar a etiquetagem na língua local na exposição:

Artigos da exposição: Coloque etiquetas em cada objeto da exposição, descrevendo a sua finalidade, os materiais utilizados e qualquer informação relevante, na língua local. Isto ajuda os participantes a compreender o significado de cada item e promove uma ligação mais profunda com a comunidade.

Sinalética: Utilize sinalética em todo o recinto da exposição para orientar os participantes e fornecer informações sobre as diferentes secções, actividades e comodidades. Certifique-se de que toda a sinalética está redigida na língua local e em quaisquer outras línguas relevantes faladas pelos participantes

Workshops e demonstrações: Se a exposição incluir workshops ou demonstrações, forneça instruções, horários e explicações na língua local para facilitar a participação e o envolvimento dos participantes.

Expositores interactivos: Se houver exposições interactivas ou actividades práticas, inclua instruções e descrições na língua local para garantir que todos os participantes possam participar plenamente e compreender o conteúdo
Evento

Programas e folhetos: Crie programas de eventos, brochuras e folhetos na língua local para fornecer aos participantes informações completas sobre o programa da exposição, os expositores e as actividades. Ao incorporar a rotulagem na língua local em todos os aspectos da exposição, pode criar uma experiência inclusiva e imersiva que ressoa com os participantes e reflecte a riqueza cultural da comunidade.

Organize a exposição numa sequência **lógica**

A organização da exposição numa sequência lógica garante que os participantes possam navegar pelos expositores sem problemas e compreender a progressão dos temas ou tópicos. Eis uma sugestão de sequência lógica para a organização da exposição:

Inovação e tecnologia :

Exposições que mostram práticas, tecnologias e técnicas agrícolas inovadoras que estão a ser implementadas na região para enfrentar desafios como a escassez de água, a erosão dos solos ou as doenças das culturas.

Iniciativas comunitárias :

Exposições que destacam projectos e iniciativas liderados pela comunidade com o objetivo de melhorar os meios de subsistência, capacitar as mulheres, aumentar a segurança alimentar ou promover a conservação ambiental

Histórias de sucesso:

Exposições com histórias de sucesso e estudos de casos de indivíduos ou comunidades que beneficiaram de projectos RAWE ou de iniciativas semelhantes.

Workshops e demonstrações interactivas :

Workshops práticos, demonstrações ou exposições interactivas onde os participantes podem aprender sobre técnicas agrícolas específicas, participar em actividades ou interagir com especialistas.

Envolvimento dos jovens :

Exposições que mostram o envolvimento dos jovens na agricultura, incluindo programas educativos, iniciativas lideradas por jovens e oportunidades de capacitação e desenvolvimento da liderança dos jovens.

Criação de redes e colaboração :

Espaço para os participantes estabelecerem contacto com os expositores, trocarem ideias, partilharem informações de contacto e explorarem potenciais oportunidades de colaboração.

Conclusão e próximas etapas :

Área de encerramento com informações sobre como os participantes podem continuar envolvidos ou contribuir para iniciativas em curso, recolha de feedback e observações finais.

Com esta sequência lógica, os participantes podem seguir uma narrativa coerente que destaca os desafios, soluções e oportunidades para o desenvolvimento rural, ao mesmo tempo que oferece oportunidades de envolvimento e colaboração.

Averiguar a opinião dos visitantes da exposição para conhecer a eficácia da exposição

Para conhecer a opinião dos visitantes e avaliar a eficácia da exposição, considere a aplicação das seguintes estratégias:

Formulários de feedback: Forneça formulários de feedback em papel ou digitais para que os visitantes partilhem as suas ideias, sugestões e impressões gerais sobre a exposição. Inclua perguntas sobre a relevância das exposições, organização, qualidade da apresentação e áreas a melhorar.

Inquéritos no local: Coloque voluntários ou membros do pessoal em locais estratégicos da exposição para realizar inquéritos no local aos visitantes. Mantenha os inquéritos breves e concentrados na recolha de feedback específico sobre diferentes aspectos da experiência da exposição.

Estações de feedback interativo: Crie estações de feedback interativo onde os visitantes possam dar o seu feedback através de ecrãs tácteis ou tablets. Isto pode incluir classificar as exposições, deixar comentários ou responder a perguntas abertas sobre a sua experiência.

Discussões em grupo: Organize discussões de grupos de discussão com um grupo diversificado de visitantes para aprofundar as suas opiniões, experiências e sugestões relativamente à exposição. Facilite as discussões em torno de temas ou tópicos específicos para obter informações mais pormenorizadas.

Programa de organização e de palco

Para o programa de conclusão do RAWE (Rural Agricultural Work Experience), eis um esboço conciso:

Discurso de boas-vindas: Abra o programa com uma receção calorosa a todos os participantes, mentores, organizadores e convidados.

Visão geral do RAWE: Apresente uma breve recapitulação dos objectivos, actividades e realizações do RAWE

Apresentações dos participantes: Permita que os participantes partilhem as suas experiências, ideias e resultados do projeto através de breves apresentações ou cartazes.

Discurso de abertura: Convide um orador de renome para proferir um discurso de abertura centrado no significado do trabalho agrícola no desenvolvimento rural e na importância dos contributos dos participantes.

Reconhecimento e apreciação: Reconheça o trabalho árduo e a dedicação dos participantes, mentores e or20ganizadores. Entregue os certificados de participação e os agradecimentos **Sessão de reflexão**: Facilite uma sessão de reflexão onde os participantes possam compartilhar seus momentos mais memoráveis, lições aprendidas e o impacto do RAWE no seu crescimento pessoal e profissional.

Direções futuras: Discuta as oportunidades de colaboração contínua, promovendo as iniciativas desenvolvidas durante o RAWE e sustentando o impulso gerado pelo programa.

Observações finais: Conclua o programa com palavras de encorajamento, gratidão e votos de sucesso para o futuro de todos os participantes.

Estabelecimento de contactos e socialização: Proporcione tempo aos participantes para estabelecerem contactos, trocarem informações de contacto e desfrutarem de um refresco em conjunto, promovendo ligações duradouras e camaradagem.

Seguindo este programa estruturado, o evento de encerramento da RAWE pode efetivamente celebrar as realizações dos participantes, inspirando-os a continuar a fazer uma diferença positiva nas comunidades rurais.

Barracas de exposição durante a RAWEP

Capítulo 23: **Avaliação dos alunos da RAWE**

Priyanka Tarei e Ananya K.P

Para a avaliação do trabalho dos alunos durante o programa RAWEP, podem ser considerados os seguintes pontos para classificar o seu trabalho

Intervenções de produção e melhoramento de culturas

<u>Agronomia</u>

- Recolha de dados meteorológicos
- Produção de adubo orgânico - seleção do local para a fossa de compostagem
- Gestão dos fertilizantes, incluindo os secundários e os micronutrientes
- Gestão integrada de nutrientes
- Gestão de nutrientes específica do local
- Gestão integrada de ervas daninhas
- Gestão de bacias hidrográficas
- Conservação dos solos e da água
- Sistema agrícola integrado
- Gestão da água

<u>Ciência dos solos e química agrícola</u>

- Recolha e preparação de amostras de solo e de água para análise e recomendação
- Métodos de aplicação de fertilizantes baseados em STCR
- Identificação e melhoramento de solos salinos, sódicos e ácidos
- Identificação de sintomas de deficiência/toxicidade de nutrientes nas culturas e recomendações
- Gestão integrada de nutrientes
- Preparação de adubos de libertação lenta

<u>Microbiologia agrícola</u>

- Utilização de biofertilizantes em diferentes culturas

- Azolla e seu cultivo

- Cultivo de cogumelos.

- Agentes microbianos de biocontrolo

<u>Horticultura</u>

- Preparação das camas de sementes, sementeira, plantação/transplantação de produtos hortícolas e de flores.

- Utilização de reguladores de crescimento, herbicidas, colheita, embalagem, armazenamento e transporte de produtos hortícolas e flores.

- Pinça, poda e formação nas culturas florais.

- Propagação de plantas (por brotamento, enxertia, estratificação, corte com utilização de reguladores de crescimento).

- Manuseamento pós-colheita, incluindo a colheita, o acondicionamento e a utilização de tratamentos de maturação nos frutos;

- Preparação de compota, geleia, abóbora, néctar, pickles, etc.

<u>Ciência e tecnologia das sementes</u>

* Diferentes fontes de sementes e suas características

* Envolvimento da organização produtora de sementes na produção de sementes

* Técnicas seguidas na produção de sementes: híbridos, variedades de alto rendimento e culturas hortícolas.

* Análise da qualidade das sementes guardadas pelos agricultores

* Recolha de sementes junto do agricultor

* Demonstração das diferentes classes de sementes e sua identificação

* Técnicas de tratamento de sementes.

* Comercialização e sistema de distribuição de sementes

<u>Genética e melhoramento vegetal</u>

* Técnicas de seleção de plantas.

* Sensibilização para os direitos dos agricultores ao abrigo da lei PPV e FR 2001.

* Sensibilização para as variedades de culturas/híbridos libertados relevantes para uma determinada região Fisiologia das culturas

* Elementos nutritivos e sua importância

* Sintomas de carência e de toxicidade

* Reguladores de crescimento vegetal e o seu papel no crescimento e desenvolvimento das plantas.

* Utilização de reguladores de crescimento das plantas.

<u>Biotecnologia vegetal</u>

* Tecnologias de cultura de tecidos para agricultores e nanotecnologias.

Intervenções de proteção das culturas

<u>Entomologia agrícola</u>

* Identificação de situações locais de pragas e práticas de gestão de pragas

* Práticas locais e tradicionais de gestão das pragas

- Importância de manter um registo das compras de insecticidas
- Preparação de soluções de pulverização e cálculo do volume de pulverização
- Preparação do NSKE,
- Utilização de armadilhas com feromonas para a monitorização de pragas
- Manuseamento e utilização seguros de pesticidas

Patologia vegetal

- Detalhes sobre as doenças das plantas para as principais culturas

a) doenças importantes e sua gravidade

b) recolha de plantas e partes de plantas doentes

- Práticas de gestão de doenças e sua frequência
- Utilização de fungicidas, bactericidas e antibióticos

- Informações sobre as práticas convencionais ou locais de gestão das doenças

- Preparação da mistura bordalesa

- Gestão cultural e biológica das doenças transmitidas pelo solo

- Alimentação radicular de fungicidas

Sericultura

- Melhoria das práticas de cultivo da amoreira

- Melhoria das práticas de criação do bicho-da-seda

- Conservação de folhas de amoreira para a criação de chawki

148

- Aplicação de desinfectantes de cama contra as doenças do bicho-da-seda

- Colheita e classificação dos casulos

<u>Apicultura</u>

- Identificação das abelhas

- Calendário floral

- Colonização de colónias de abelhas

- Produtos de colmeia.

Intervenções no domínio das ciências sociais e afins

<u>Economia agrícola</u>

- Problemas económicos enfrentados pelos agricultores na agricultura

- Relação custo-eficácia das diferentes tecnologias agrícolas

- Rendibilidade relativa das culturas, da pecuária, da horticultura e das empresas de pesca

- Riscos e incertezas associados ao cultivo e à comercialização

- Eficiência económica

- Diferenças entre os objectivos e os resultados.

- Avaliar os agricultores seleccionados relativamente às soluções económicas para os problemas

- Diversificação e estratégias de aversão ao risco.

<u>Comercialização e cooperação agrícola</u>

- Conceito de comercialização agrícola, funções da comercialização

- Métodos de venda de produtos agrícolas

- APMC e o seu significado

- Diferentes regimes governamentais de comercialização agrícola

- Comercialização científica de produtos agrícolas
- Normas para o fabrico de produtos
- Avanços recentes na comercialização agrícola.

<u>Ciência alimentar e nutrição</u>

- Dietas equilibradas para diferentes grupos etários
- Alimentos complementares para crianças
- Preparação de alimentos ricos em micronutrientes
- Transformação de frutas e legumes
- Acrescento de valor nos produtos de base locais

<u>Silvicultura e ciências do ambiente</u>

- Culturas para biocombustíveis.
- Técnicas de viveiro de espécies arbóreas.
- Resíduos biodegradáveis.
- Fontes de energia renováveis / não convencionais.
- Gestão de resíduos sólidos.

<u>Engenharia agrícola</u>

- Estudo sobre as alfaias de lavoura primárias e secundárias melhoradas
- Equipamento de proteção vegetal de alta tecnologia
- Fontes de energia renováveis / não convencionais

<u>Ciência animal</u>

- Enriquecimento de forragens secas,
- Preparação de alimentos equilibrados para bovinos
- Gestão dos animais,
- Produção de forragens e seleção de animais
- Criação de caprinos e ovinos.
- Campo de saúde animal

Extensão e transferência de tecnologia

<u>Extensão agrícola</u>

- Planeamento e execução de programas de extensão,
- Liderança nas zonas rurais e identificação dos líderes a utilizar no trabalho de extensão
- Técnicas de avaliação rural participativa (PRA) para um trabalho de extensão eficaz
- Métodos de ensino da extensão, como reuniões gerais, visitas a explorações agrícolas e a domicílios, reuniões de discussão em grupo, demonstração de métodos, demonstração de resultados, campanhas, formação de agricultores, exposições, visitas de campo, dias de campo, trabalho comunitário, etc.

CROP PYRAMID
MOBILITY MAP

<u>Clínica vegetal / centro de informação / criação de um museu da cultura</u>

- Recolha e análise de amostras de solo e água.
- Exposição de espécimes ou objectos relacionados com a deficiência de nutrientes, problemas de pragas e doenças, ervas daninhas, etc., no RSK e no centro de informação na aldeia
- Estabeleça um centro de informação com informações sobre a aldeia, o sistema agrícola, as principais culturas/empresas, os problemas identificados e o plano de trabalho no centro.
- Estabelecer um museu de culturas utilizando as mais recentes variedades de culturas locais importantes, algumas actividades de ensino de competências como o teste de germinação de sementes, a preparação de vermicomposto, a deteção de adulteração de fertilizantes, etc.
- Prestar serviços de aconselhamento aos agricultores.

Capítulo 24 : Opinião dos alunos sobre a RAWEP

Preethan e Shivarajkumar B

Govardhan

Foi uma boa oportunidade para aprender fora da sala de aula e junto com os agricultores. Adquirimos muitos conhecimentos práticos e aplicados relativamente às práticas agrícolas praticadas pelos agricultores. Também desenvolvemos muitas competências sociais através de reuniões públicas e da realização de programas a nível da aldeia. Também desenvolvemos boas capacidades de comunicação e fornecemos-lhes os inputs necessários

Sai dinesh

Apesar de estarmos colocados numa aldeia atrasada, inicialmente enfrentámos muitos problemas, mais tarde fomos capazes de nos adaptar ao ambiente da aldeia, uma vez que havia menos recursos, como a falta de facilidade

de transporte para viajar pela RSK, costumávamos mudar três autocarros, pois era um trabalho difícil, mais tarde tivemos de lidar com a situação. Com menos recursos, conseguimos realizar todas as actividades da rawe com a ajuda dos habitantes da aldeia

Chethan R

Basicamente, eu era introvertido, era uma pessoa muito tímida, com falta de capacidade de comunicação. Depois de ir para a aldeia, mudei completamente e a rawe ajudou-me a ultrapassar os meus problemas. Foi uma óptima experiência aprender com os agricultores e com os meus amigos, passei um tempo de qualidade com os meus queridos amigos e diverti-me na aldeia.

Preethan B

O RAWEP foi de facto uma grande oportunidade para os estudantes conhecerem a agricultura como tal. Proporcionou uma grande oportunidade para

compreender os problemas da agricultura no terreno e também para conhecer a situação social e económica da comunidade agrícola. Fez-nos melhorar as nossas capacidades de comunicação e ajudou-nos a encontrar as soluções científicas para os problemas da agricultura. Nunca mais voltou a tornar-nos confiantes, competentes e a explorar as ferramentas de extensão adequadas na transferência de tecnologia para os agricultores.

Shreyas

Foi uma experiência maravilhosa e uma viagem fantástica para recordar. Uma viagem que ficará gravada na minha memória para sempre. Aprendi muito durante esta viagem e vou tentar adaptar-me às novas mudanças no futuro. **O meu** professor de cluster ajudou-me a transformar-me nesta viagem e agradeço-lhe por isso.

Gavisiddesh

Há cinco grandes mudanças na minha experiência RAWE. A primeira é o desenvolvimento de qualidades de líder, pois eu era o líder da minha aldeia RAWE. O grupo RAWE foi muito compreensivo e eu gostei muito de ser líder e tomei grandes decisões e a minha equipa muthuru foi cooperante e eu aumentei a minha capacidade de assumir riscos, bem como a minha capacidade de ouvir,

157

porque um bom líder é um bom ouvinte. Houve uma mudança cultural, pois eu estava preso à minha religião. A minha RAWE ajudou-me a conhecer as nossas raízes religiosas e fez-me respeitar todas as actividades culturais da minha religião. Aprendemos a trabalhar em equipa e a trabalhar arduamente. Para um estudante, é bom aumentar as suas capacidades de comunicação. Aprendemos conhecimentos práticos não só sobre a agricultura, mas também sobre a vida de um agricultor.

Sharvari kn

Foi uma exposição de largo espetro para nós, aprendemos muito mais aspectos práticos do que a aprendizagem em sala de aula. Muitas vezes, a RAWE ensinou-nos a adaptarmo-nos à situação que se nos apresentava. A experiência foi muito boa sob a orientação de professores e agricultores.

UDHAM SINGH.

A minha experiência durante o programa rawe foi muito agradável, estar com os agricultores, familiarizar-me com o ambiente rural. Foi muito gratificante envolver-me com os agricultores e obter deles experiências sobre o seu estilo de vida, a sua situação económica e a gestão das suas explorações agrícolas.

[A participação num programa de experiência de trabalho em agricultura rural pode oferecer conhecimentos inestimáveis sobre práticas agrícolas sustentáveis, aprofundar o apreço pelos meios de subsistência rurais e promover uma ligação mais profunda com a natureza. Oferece oportunidades de aprendizagem prática, promove a gestão ambiental e pode inspirar futuras carreiras na agricultura ou em áreas relacionadas. Além disso, estes programas contribuem frequentemente para o desenvolvimento e capacitação da comunidade, apoiando as economias locais e promovendo um sentimento de orgulho no património agrícola. Em geral, é uma experiência gratificante que pode moldar perspectivas e criar uma memória duradoura

Kaninika

O Programa de Experiência de Trabalho de Sensibilização Rural (RAWE) foi uma oportunidade para nós, estudantes, vivermos em zonas rurais e desenvolvermos uma perspetiva correcta da vida rural. A experiência de trabalho eficaz e as abordagens de formação que incorporam o avanço da aprendizagem experimental agrícola rural proporcionaram-nos oportunidades de experimentar a atividade de trabalho de campo e de rever e analisar criticamente a nossa própria experiência de trabalho, o que foi útil no contexto da vida real.

Vikash kumar

A participação num programa de experiência de trabalho em agricultura rural pode oferecer conhecimentos inestimáveis sobre práticas agrícolas sustentáveis, aprofundar o apreço pelos meios de subsistência rurais e promover uma ligação mais profunda com a natureza. Oferece oportunidades de aprendizagem prática, promove a gestão ambiental e pode inspirar futuras carreiras na agricultura ou em áreas relacionadas. Além disso, estes programas contribuem frequentemente para o desenvolvimento e capacitação da comunidade, apoiando as economias locais e promovendo um sentimento de orgulho no património agrícola. Em geral, é uma experiência gratificante que pode moldar perspectivas e criar memórias duradouras.

Chaithra

A minha experiência foi muito boa. Aprendi muitas coisas lá. Fiquei a conhecer os problemas que os agricultores enfrentam e, como futuro agricultor, o que posso fazer para os melhorar.

Jeeva V G

Fui colocado na aldeia de Kenkere, em Gauribidanur taluk, no âmbito do programa Rural Agricultural Work Experience Pro gramme. Aprendemos muito com os agricultores e também lhes demos a conhecer os novos avanços tecnológicos que os ajudariam a obter mais lucros. A experiência ajudou a desenvolver as capacidades de comunicação e aumentou a confiança e a competência. Através deste RAWEP recebemos muitas lições que serão seguidas nas nossas vidas futuras.

Shivarajkumar Bhimashankar Bhairagond

Como estudante de agricultura, a minha experiência de trabalho rural com as pessoas da aldeia tem sido incrivelmente enriquecedora. Tive a oportunidade de aprender em primeira mão sobre práticas agrícolas tradicionais, técnicas sustentáveis e a importância da colaboração comunitária. Trabalhar ao lado dos aldeões proporcionou-lhe conhecimentos valiosos sobre a sua profunda ligação à terra e as suas abordagens inovadoras para ultrapassar desafios. No geral, tem sido uma experiência humilde e inspiradora que aprofundou a minha paixão pela agricultura e reforçou a minha compreensão do seu papel nas comunidades rurais.

Ananya K P

O programa RAWE organizado no último ano da licenciatura permitiu aos estudantes adquirir uma experiência em primeira mão da vida rural. Desenvolvemos competências nos aspectos de produção, gestão e comercialização na agricultura. O apoio dado pelos professores e pelos habitantes da aldeia ajudou-nos a concluir com êxito o programa RAWE e a ganhar experiência

Ayaz S shajil

Como estudante, o RAWEP foi uma óptima experiência em todos os aspectos. A quantidade de experiência prática que pudemos adquirir com os agricultores ajudou-nos a compreender as matérias em profundidade. A RAWEP também nos expôs à realidade dos problemas enfrentados pelos agricultores. Os três meses com os agricultores nas suas aldeias ajudaram-nos a adquirir várias competências e a aumentar a nossa confiança.

Monisha

Foi realmente espantoso para mim. Mas o principal problema com esta malta é que estão à espera de mais da aldeia, na minha opinião não devia ser assim porque era "RAWE", o nome só diz que é uma experiência rural, que eles têm de experimentar as coisas que existem na aldeia com as pessoas, por isso, na minha opinião, o RAWE foi a melhor parte da vida na UG. E recebemos uma formação prática, muito diferente da que aprendemos teoricamente nas aulas. Aprendemos tantas coisas com os agricultores. Aprendemos novas competências, como gerir situações e tudo. E também foi uma boa oportunidade para aprendermos com os agricultores... Por isso, para terminar, quero agradecer ao Dr. Gopal e ao nosso coordenador, o Dr. Ganeshmurthy, pela sua dedicação à rawe e aos alunos da rawe.

Obrigado a si

Abhijna V

O RAWEP permitiu-nos compreender a realidade do terreno a nível rural e melhorar as capacidades de resolução de problemas agrícolas em situações da vida real, especialmente em contacto com agricultores, cultivadores, etc. Durante o programa RAWE, ficámos alojados em casas rurais, o que constitui uma rara oportunidade para redescobrir os agricultores. Para além de adquirirmos experiência de campo em primeira mão, o RAWE provocou mudanças positivas na nossa mentalidade, nos nossos traços de personalidade e nas nossas capacidades de gestão e de empreendedorismo.

Panusha

A Rawe é uma experiência maravilhosa com as pessoas das zonas rurais e ajuda-me a desenvolver uma capacidade de comunicação com os aldeões e a compreender os problemas agrícolas no campo principal e desfruto muito com os meus amigos na aldeia e na rsk aprendemos diferentes esquemas agrícolas lançados pelo governo e como os agricultores adoptam esse esquema de forma eficaz e, principalmente, ajuda a criar confiança em mim no que diz respeito ao trabalho de campo.

Aashik Khanal

Pessoalmente, acho que o Programa RAWE de 3 meses foi ótimo em diferentes cenários. Em primeiro lugar, tivemos uma experiência prática de trabalho básico de agricultura e extensão que estudámos em teoria durante 3 anos. Para além das experiências educativas, aprendemos valores sociais, morais e emocionais básicos. Vivemos entre aldeões, o que nos permitiu conhecer o estilo de vida da aldeia, os seus problemas e necessidades. Ficámos a conhecer a perceção dos aldeões em relação ao Governo e aos líderes. Eu próprio, que cresci e fui criado na cidade, foi a minha primeira estadia numa aldeia durante um período mais longo, o que me ensinou a diversão e os benefícios de viver numa aldeia com cooperação entre si.

Referências

1. Arreola, R. A. (1995). Desenvolvimento de um sistema abrangente de avaliação do corpo docente. Bolton, MA: Anker Publishing.

2. Braskamp, L. A. (2000). Para uma abordagem mais holística da avaliação do corpo docente como professor. Em K. E. Ryan (Ed.), Evaluating teaching in higher education: Uma visão para o futuro. New directions for teaching and learning, 83, 109-123. São Francisco, Califórnia: Jossey-Bass.

3. Braskamp, L. A., & Ory, J. C. (1994). Avaliação do trabalho do corpo docente: Enhancing individual and instructional performance. São Francisco, CA: JosseyBass.Centra, J. A. (1993). Avaliação reflexiva do corpo docente. São Francisco, CA: Jossey-Bass.

Books!

I want morebooks!

Buy your books fast and straightforward online - at one of world's fastest growing online book stores! Environmentally sound due to Print-on-Demand technologies.

Buy your books online at
www.morebooks.shop

Compre os seus livros mais rápido e diretamente na internet, em uma das livrarias on-line com o maior crescimento no mundo! Produção que protege o meio ambiente através das tecnologias de impressão sob demanda.

Compre os seus livros on-line em
www.morebooks.shop

info@omniscriptum.com
www.omniscriptum.com

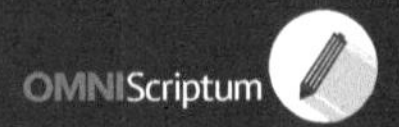